"十四五"普通高等教育本科部委级规划教材

产教融合教程

服饰图案设计与创新应用

花俊苹　王利娅◎主编 ｜ 宋　婷　夏思冰◎副主编

CHANJIAO RONGHE JIAOCHENG
FUSHI TUAN SHEJI YU CHUANGXIN YINGYONG

"十四五"普通高等教育本科部委级规划教材

中国纺织出版社有限公司

内 容 提 要

本书从服饰图案的基础知识和组织形式出发，将中国传统图案与企业项目紧密结合进行产教融合实践，重在弘扬中国传统文化，重视成果转化，强调原创精神。书中详细阐述了传统图案运用于现代服饰的创新设计过程，并配以大量设计图案，针对性地分析了从图案元素提取到创作再到服饰设计的全过程。

全书图文并茂，内容翔实，针对性强，具有较高的学习和研究价值，不仅适合高等院校服装专业师生学习，也可供服装从业人员、研究者参考使用。

图书在版编目（CIP）数据

产教融合教程：服饰图案设计与创新应用 / 花俊苹，王利娅主编；宋婷，夏思冰副主编. -- 北京：中国纺织出版社有限公司，2024.12. --（"十四五"普通高等教育本科部委级规划教材）. -- ISBN 978-7-5229-2413-7

Ⅰ. TS941.2

中国国家版本馆 CIP 数据核字第 2025EW0928 号

责任编辑：李春奕　　责任校对：高　涵　　责任印制：王艳丽

中国纺织出版社有限公司出版发行
地址：北京市朝阳区百子湾东里 A407 号楼　邮政编码：100124
销售电话：010—67004422　传真：010—87155801
http://www.c-textilep.com
中国纺织出版社天猫旗舰店
官方微博 http://weibo.com/2119887771
北京通天印刷有限责任公司印刷　各地新华书店经销
2024 年 12 月第 1 版第 1 次印刷
开本：889×1194　1/16　印张：9.75
字数：193 千字　定价：69.80 元

总 序
GENERAL PREFACE

当前，新时代浪潮席卷而来，产业转型升级与教育强国目标建设均对我国纺织服装行业人才培育提出了更高的要求。一方面，纺织服装行业正以"科技、时尚、绿色"理念为引领，向高质量发展不断迈进，产业发展处在变轨、转型的重要关口。另一方面，教育正在强化科技创新与新质生产力培育，大力推进"产教融合、科教融汇"，加速教育数字化转型。中共中央、国务院印发的《教育强国建设规划纲要（2024—2035年）》明确提出，要"塑造多元办学、产教融合新形态"，以教育链、产业链、创新链的有机衔接，推动人才供给与产业需求实现精准匹配。面对这样的形势任务，我国纺织服装教育只有将行业的前沿技术、工艺标准与实践经验深度融入教育教学，才能培养出适应时代需求和行业发展的高素质人才。

高校教材在人才培养中发挥着基础性支撑作用，加强教材建设既是提升教育质量的内在要求，也是顺应当前产业发展形势、满足国家和社会对人才需求的战略选择。面对当前的产业发展形势以及教育发展要求，纺织服装教材建设需要紧跟产业技术迭代与前沿应用，将理论教学与工程实践、数字化趋势（如人工智能、智能制造等）进行深度融合，确保学生能及时掌握行业最新技术、工艺标准、市场供求等前沿发展动态。

江西服装学院编写的"产教融合教程"系列教材，基于企业设计、生产、管理、营销的实际案例，强调理论与实践的紧密结合，旨在帮助学生掌握扎实的理论基础，积累丰富的实践经验，形成理论联系实际的应用能力。教材所配套的数字教育资源库，包括了音视频、动画、教学课件、素材库和在线学习平台等，形式多样、内容丰富。并且，数字教育资源库通过多媒体、图表、案例等方式呈现，使学习内容更加直观、生动，有助于改进课程教学模式和学习方式，满足学生多样化的学习需求，提升教师的教学效果和学生的学习效率。

希望本系列教材能成为院校师生与行业、企业之间的桥梁，让更多青年学子在丰富的实践场景中锤炼好技能，并以创新、开放的思维和想象力描绘出自己的职业蓝图。未来，我国纺织服装行业教育需要以产教融合之力，培育更多的优质人才，继续为行业高质量发展谱写新的篇章！

中国纺织服装教育学会会长

2024年12月

前 言
PREFACE

服饰图案设计是提高服装类专业学生审美能力和实践表达能力的一个重要课题。无论是服装专业学生还是服装设计的爱好者，学习服饰图案设计的根本目的在于为掌握专业技能打下坚实的基础。因此要注意两个方面：一方面，将服饰图案设计作为基础训练，培养学生的设计意识和训练造型技巧，使其逐渐进入专业状态；另一方面，将服饰图案设计作为专业训练，培养学生的审美能力，提高服装的装饰功能。

本书具有以下特色：

第一是重塑知识体系。随着教育改革的逐步深入，服装图案设计课程对课程体系、教学资源、教学设计和教学内容提出了更高的要求。本教材将图案从设计到绘制再到制作的整个过程重新梳理。教材内容添加了传统图案的历史演变、工艺创新应用、产教融合项目成果等章节。整体框架结合企业项目式教学，引导学生在服装图案设计的过程中充分考虑如何改善服装图案开发方案，加强加工工艺的可行性。

第二是突出实践成果。相较于传统的服装图案设计课程学习，成果展示越来越重要。教材加入企业合作内容，由企业专业人员与学校专业教师共同编写，将市场需求和创意设计相结合，为学生提供项目设计和制作指导，用产教融合的方式激发学生学习热情和培养学生主动创新的能力。

第三是融入思政理念。以美育人、以德育人，通过对中国传统图案的赏析，树立理性辨析的正确历史观，体现人文情怀，传承文心匠艺，将美育和德育融入专业教学，做到润物无声。努力让学生体会创新自主设计的重要性，重视创新意识的培养，树立正确的艺术观和创作观，增强文化自信。

全书共分为七个章节，分别是绪论、传统服饰图案的艺术表现、图案基础知识、图案组织形式及其服饰创新应用、服饰图案创新设计、服饰图案工艺创新应用、产教融合项目成果。内容通俗易懂，实践步骤清晰。

本书组建了以中青年为主、思维活跃的编写团队，其中花俊苹编写第一章、第五章，花俊苹与万事利丝绸文化有限公司设计总监李磊磊合编第七章；夏思冰编写第二章第一节、第六章；宋婷编写第二章第二节、第三章；王利娅编写第四章；林丹负责全书统稿以及部分图片修正。书中配有大量学生作品图片，多来自江西服装学院服饰图案设计课堂习作，部分图片为学生毕业设计作品，体现了产教融合成果。

书稿撰写过程中，承蒙江西服装学院领导大力支持，提供了良好的编著环境。感谢万事利丝绸文化有限公司提供的帮助和指导，还要特别感谢江西服装学院的学生们，他们的积极配合使本书实践案例得以充分展示。

花俊苹

2024 年 7 月于南昌

教学内容及课时安排

章（课时）	课程性质（课时）	节	课程内容
第一章 （1课时）	基础理论 （15课时）	·	**绪论**
		一	图案与服饰图案的概念与关系
		二	服饰图案的分类与功能
第二章 （6课时）		·	**传统服饰图案的艺术表现**
		一	中国传统服饰图案的艺术表现
		二	外国传统服饰图案的艺术表现
第三章 （8课时）		·	**图案基础知识**
		一	图案的写生与变形
		二	图案的表现技法
		三	图案的形式美法则
第四章 （12课时）	应用理论与训练 （30课时）	·	**图案组织形式及其服饰创新应用**
		一	单独图案组织形式及其服饰创新应用
		二	适合图案组织形式及其服饰创新应用
		三	二方连续图案组织形式及其服饰创新应用
		四	四方连续图案组织形式及其服饰创新应用
第五章 （12课时）		·	**服饰图案创新设计**
		一	花卉图案服饰创新设计
		二	动物图案服饰创新设计
		三	人物图案服饰创新设计
		四	抽象图案服饰创新设计
第六章 （6课时）		·	**服饰图案工艺创新应用**
		一	传统手工艺创新应用
		二	现代化工艺创新应用
		三	服饰图案工艺创新设计项目实践
第七章 （3课时）	产教融合项目 （3课时）	·	**产教融合项目成果**
		一	产教融合项目的目的与常见技术
		二	产教融合企业案例
		三	产教融合学生作品

目 录
CONTENTS

第一章
绪论

基础理论——绪论

课题内容：

1. 图案与服饰图案的概念与关系。

2. 服饰图案的分类与功能。

课题时间： 1课时。

教学目的： 使学生认识服饰图案，了解服饰图案与图案的关系和区别，理解服饰图案的学习目的和目标，了解服饰图案的分类，体会服饰图案在服装设计中的美化作用。

教学要求：

1. 使学生了解学习服饰图案的目的和目标。

2. 使学生体会到图案与服饰图案的不同。

3. 使学生掌握服饰图案的分类。

教学方式： 案例、多媒体演示。

课前准备： 课前预习，阅读服饰图案相关的书籍，查阅相关网上图片和案例。

第一节　图案与服饰图案的概念与关系

一　图案与服饰图案的概念

（一）图案

"图案"一词是20世纪初从日本词汇中借用过来的，其含义是指有关装饰、造型的"设计方案"，也可以理解为有关"形象、图形"的"方案"。在我们的生活中，每一个角落都存在着图案，图案不仅是美术学的一个专门学科，也是一项极为普遍、运用性很强的艺术实践，是实用与审美紧密结合的造型形式。当然，也可以从两个层面来理解它的意义：从广义上来讲，图案既是实用美术、装饰美术、建筑美术、工业美术等关于物质产品的造型、结构、色彩、肌理的预想设计，也是在工艺、材料、用途、经济、美观等条件限制下的图样、模型、装饰图案的统称；从狭义上来讲，图案是指某种纹饰，按形式美法则构成的某种拟形、变形、对称或均衡等的组合图形图案。

（二）服饰图案

服饰是指服装及其装饰品，服饰图案是指服装及其配件上具有一定图案结构规律，经过抽象、变化等方法规则化、定型化的装饰图形和图案。服饰图案与服饰设计是有区别的，前者侧重于服饰的装饰、美化，后者侧重于围绕人这一中心对服装进行设计。当然从广义上来讲，两者是不可分割的，服装设计通常包括了服装图案的设计。服饰图案重视视觉语言表达，多以具体的形象为设计基础，一些图案还具有一定的象征性。在传统服饰中，服饰图案能代表不同宗教、阶级，反映着装者的身份和地位。因此，作为一名服装设计师，对服饰图案的设计应用应该具有一个较为全面的认识。

二　图案与服饰图案的关系

服饰图案与其装饰对象之间应该是一种融合的关系，应注重围绕"人"这一中心进行总体服饰规划设计，包括式样、结构、用途及实现途径等。学习服饰图案，需要了解图案的一般法则和基本知识点，然后逐步掌握服装图案的特殊规律、专业知识，从而提高自己的设计技能。图案，只有在与服装等装饰对象融为一体的时候才会有生命。因此，服饰图案的设计应用必须符合服装的种种限定和要求，不能游离于其外。

第二节　服饰图案的分类与功能

一　服饰图案的分类

服饰图案从广义上可以理解为有关服饰的一切装饰形式，其表现形式极其丰富，可以是平面的，也可以是立体的；可以是局部的，也可以是整体的。服饰图案的运用领域相当广泛，除了各类服装以外，还被运用在各类纺织品面料、配件中。

（一）按空间构成分类

服饰图案按空间构成可以分为平面构成图案和立体构成图案。平面构成图案是指在平面物体上所表现的各种装饰，包括面辅料本身的图案设计。立体构成图案是指对服饰进行的立体效果装饰，可以理解为面料之上的半浮雕手工制作形式，也可以理解为服装之上的装饰品。品牌Homolog把叶子作为主要素材装饰于服饰中，平面图案和立体图案呈现出的效果各不相同（图1-2-1、图1-2-2）。

图1-2-1 叶子平面构成　　　　　　　　　　　　　　　图1-2-2 叶子立体构成

（二）按构成形式分类

服饰图案按构成形式可以分为点状服饰图案、线状服饰图案与面状服饰图案。点状服饰图案是指图案以点的形式出现在服饰中，如利用耳环、纽扣、戒指等点状装饰设计，使图案附着在装饰物品上自然呈现（图1-2-3）。线状服饰图案是指在服装中以线条的形式出现的图案设计，门襟、分割线等部位都是图案呈现比较合适的位置（图1-2-4）。面状服饰图案是指那些大面积出现的服饰图案，如在服装多部位出现图案装饰以形成面状形式（图1-2-5）。

图1-2-3　点状服饰图案

图1-2-4　线状服饰图案

图1-2-5　面状服饰图案

（三）按工艺制作分类

服饰图案按工艺制作可以分为结构图案、编织图案、拼贴图案、刺绣图案和手绘图案等。不同的工艺有其自身特征，呈现效果不同。如图1-2-6所示，通过结构变化而形成的花样袖型，会为服饰增添很多的偶然性和趣味性。如图1-2-7所示，用雕绣的方式形成的刺绣图案，会更显细腻、高贵、优雅。因此，根据各类工艺自身的特点和规律，图案呈现方式可以丰富多样。

图1-2-6　结构图案

图1-2-7　雕绣图案

（四）按装饰部位分类

由于图案所在部位不同，故呈现的效果也不同，图案所在位置很容易成为重点，重点点缀在哪个地方，哪个地方就成为视觉中心点。图案出现在下半身，视觉中心会停留在下半身衣裙部位（图1-2-8）；服装中衣领、袖口、底摆多处出现图案设计，视觉中心会在几个图案部位不断转移（图1-2-9）；图案出现在衣服前上身，视觉中心会最终停留在前上身（图1-2-10）。

图1-2-8　下装服饰图案

图1-2-9　多部位服饰图案

图1-2-10　前上身服饰图案

（五）按装饰素材分类

服饰图案按装饰素材可以分为花卉图案、动物图案、人物图案、抽象图案等。其中，花卉图案素材有梅、兰、竹、菊、月季等；动物图案素材有龙、凤、麒麟、狮子、大象、仙鹤、鸟、蝙蝠等；人物图案素材可以有面孔、姿态、人物故事等；抽象图案素材有几何、文字、肌理等。除以上几种常见服饰素材的图案分类外，还有风景、未来、器皿等小类素材。不同素材表达形式不同，特点各异，也由此形成了不同的服饰风格（图1-2-11、图1-2-12）。

图1-2-11　花卉素材

图1-2-12　风景素材

二 \ 服饰图案的功能

服装的功能是遮盖身体，御寒避暑，保护人类身体不受到外界的伤害，同时也可以弥补身体的不足。服饰图案作为服装上的装饰，可从整体上提高服装的装饰功能、象征功能和标识功能。

（一）装饰功能

服饰图案对服装能够起到点缀和修饰的作用，也可以加强服饰局部视觉效果，形成视觉中心转移。如图1-2-13所示，肩部一侧夸张的造型形成了强烈的视觉冲击力，强调局部造型之美，令人不由自主地将视觉中心转移到肩部。设计师为了强调服装的某些特征，往往采用对比强烈且夸张的图案作为装饰，以达到事半功倍的效果。服饰图案除了涉及形状，也会涉及色彩，如图1-2-14所示，采用强烈对比的黑白设计，具有视觉冲击力的色彩组合起到了强调视觉反差的效果。

图1-2-13 图案与服装造型的对比

图1-2-14 图案与服装色彩的对比

（二）象征功能

象征是借助事物间的联系，用特定的具体事物来表现某种精神或表达某一事理。我国古代服饰图案中，常常借用某种形象表现象征性概念，如中国传统文化中的蝙蝠象征福，鹿象征禄，牡丹象征富贵等。如图1-2-15所示，这是展示在中国丝绸博物馆的红缎地彩绣麒麟送子帐沿，绣以麒麟送子主题图案，其左右各饰手持荷花、花瓶等两位童子，并绣有杂宝、流云、湖石、蝙蝠、装盛佛手的花篮等对称吉祥图案，边饰白色花鸟纹镶边。图案被赋予吉祥象征意义，装饰在纺织品中，作为人文观念的载体。

图1-2-15 红缎地彩绣麒麟送子帐沿

（三）标识功能

人类是社会群体，服装具有一种社会化特征，这就形成了我们所说的标识功能。服装是穿着者身份地位的象征，图案是附着在服装上的符号，通过服装及其装饰图案可以看出穿着者的社会地位、审美情趣和生活方式。传统的中国服制形式非常严苛，如明清时期官服上的补子图案，不同的动物图案代表了不同的官员品级，清代武官的补子图案分别为一品麒麟、二品狮、三品豹、四品虎、五品熊、六品彪、七品与八品犀牛、九品海马，文官的补子图案分别为一品仙鹤、二品锦鸡、三品孔雀、四品云雁、五品白鹇、六品鹭鸶、七品鸂鶒、八品鹌鹑、九品练雀。图1-2-16、图1-2-17为中国丝绸博物馆的馆藏清代官补。

图1-2-16 清代彩绣狮二品武官方补

图1-2-17 清代钉绣孔雀三品文官方补

本章小结

■ 充分理解图案与服饰图案的概念、图案与服饰图案的关系、图案与纹样的不同、服饰图案的分类和功能，从而为后期每个章节的学习建立基本思路和方法。

思考题

1. 图案与服饰图案的区别是什么？

2. 结合日常生活谈谈你对当代与传统服饰图案的理解。

第二章
传统服饰图案的艺术表现

基础理论——传统服饰图案的艺术表现

课题内容:

1. 中国传统服饰图案的艺术表现。

2. 外国传统服饰图案的艺术表现。

课题时间: 6课时。

教学目的:

1. 能够独立完成中国传统图案赏析,树立正确的历史观。

2. 学会挖掘中国传统服饰图案的创新点,重视传统文化创新意识。

3. 提高学生的审美能力并增强文化自信。

教学要求:

1. 使学生了解国内外服饰图案的艺术形态。

2. 使学生了解中国传统服饰图案的文化内涵。

3. 使学生熟练掌握中国传统服饰图案的艺术表现形式。

教学方式: 案例分析、多媒体演示、课堂讨论、启发式教学。

课前(后)准备: 课前预习本章内容,选择任意一种中国传统服饰图案并收集相关资料,了解该图案的艺术形态和意义。

第一节　中国传统服饰图案的艺术表现

　　服饰图案是传统艺术表现无声的语言，是传统服饰内涵传达的重要途径。中国传统服饰图案汇集了历史变迁、生活印记、工艺美术和人文精神，凝结了中华传统文化的精髓，不仅对服装起到装饰作用，还利用借喻、双关、比拟、谐音、象征等手法而具有祈福纳吉的寓意。这种将图案与吉祥寓意完美结合的艺术形式，表达了人们对美好生活的向往和追求。

一　中国传统服饰图案艺术形态

　　中国传统服饰源远流长，是中华民族外在形象的象征与代表，体现了时代审美意识，是社会的缩影，每个朝代的服装用材、施色、图案有所不同。就图案而言，秦汉时期图案形象概括，姿态生动；南北朝时期以清瘦俏长、柔美宁静的图案形式和佛教题材为主调；隋唐时期繁花茂叶的卷草及综合各种花卉特征的宝相花等图案，造型丰满，线条饱满圆润、色彩富丽；宋代时期图案以工致细腻的写实风格为主；元代蒙古族图案则刚劲粗犷；明清时期图案造型趋于程式化。

图2-1-1　动植物图案（中国丝绸博物馆藏）

　　中国传统服饰图案题材多样，其中植物图案居多，且以瓜果、花卉植物为主，如兰花、菊花、梅花、莲花、牡丹、竹、石榴等。其次是动物图案，包括龙、凤、蛇、鸳鸯、孔雀、蝙蝠、蝴蝶、鱼等，常与植物图案和风景图案结合使用（图2-1-1）。风景图案大多以点缀的方式出现在服装上，与其他类型图案相互搭配，常见的风景图案有云、海水、山、门庭、楼阁等。人物图案则选用神话故事中的人物形象，人物寓意各不相同（图2-1-2），如寿星寓意"长寿"，财神寓意"财富"等。中国传统服饰图案除了以上四大类型外，还有器物图案，具有特定的寓意，如寓意吉祥的如意、宝瓶、花篮等，寓意富贵的钱币、银锭、瓦当等，寓意书香门第的琴、棋、书、画等（图2-1-3）。

图2-1-2　人物图案（中国丝绸博物馆藏）

　　湖南博物院展出的T形帛画则是将多种题材图案集为一体，各类题材的图案形态直观可见，其中包含了动物图案、植物图案、人物图案、风景图案等。T形帛画又被称为"非衣"，即"飞衣"，表现了汉代初期的民族特色和汉代人死后升天的思想。此帛画分为三界，内容丰富且较为复杂（图2-1-4）。T形帛画布局十分巧妙，例如用天门标明天上和人间，地下用平台隔开人间和地下，

图2-1-3　器物图案（中国丝绸博物馆藏）

各界都以典型事物凸显其空间。天界部分右上方红日中为金乌，日下的扶桑树间还有8个太阳，左上方为弯月，月上有蟾蜍和玉兔，月下为托月女神，中间为人首蛇身的神，主宰天国，旁边伴有仙鹤，象征长生，天门两侧还有守门神和守门神豹把守，以及神龙、仙鹤和异兽相衬，从而显示天界的威严和神圣。中间为人间部分，可分为上下两层：上层为墓主人辛追夫人升天图像，头顶上方有华盖立屋，脚踏升天踏板及花豹；下层则是对墓主人的祭祀场景。人间之下有一巨人赤身裸体，此人则是水神禺疆，其双手举起白板象征大地，脚踩鲸鲵，周围环绕赤蛇和羊角怪兽，给人以阴沉昏暗之感。

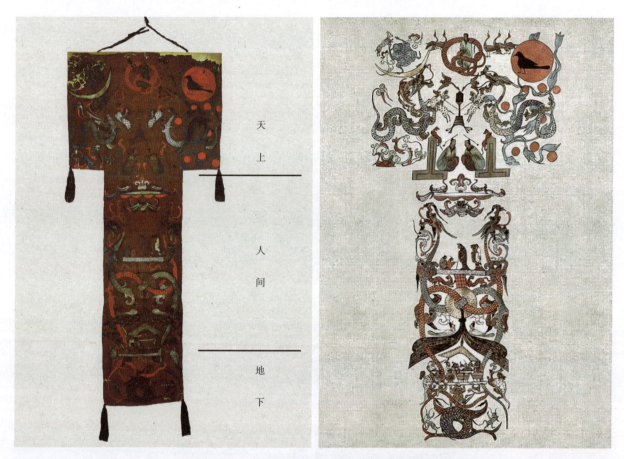

图2-1-4　T形帛画平面图及图解（湖南博物院藏）

二　中国代表性传统服饰图案

　　中国传统服饰图案不仅题材种类繁多，即使同种题材的服饰图案，其形态也非常丰富，图案的构成形式和组合方式也各不相同。中国传统服饰图案与本民族的信仰、文化结构、审美心理紧密联系，反映了社会政治、经济、道德、伦理等各个方面。下面选择一些中国传统服饰代表性图案进行简要说明。

（一）云纹

　　云纹是中国典型的古代吉祥图案，也是极具代表性的中国文化符号，一直沿用至今，其造型优美，在漫长的历史发展演变中，不断融入各时代因素，从而衍生出不同的形态，有十分抽象规律的几何图形，也有生动形象的自然图形。

汉代云纹形态丰富且生动，运用面极广。汉代云纹在云雷纹的基础上，将构形元素进行简化、结构模式进行打散，最后得出极具时代感的云气纹、卷云纹、云兽纹等新型云纹形态。例如湖南博物院中的"乘云绣""长寿绣"刺绣品，其刺绣图案风格较为一致，都是云纹，但在细节处又并不相同。"乘云绣"纹样结构为纵向的连续菱纹，再在菱纹内填充横向花纹，每组三层，分别为对鸟和两种不同的菱花。图案中的几何纹、植物纹和动物纹相互交替分布。刺绣花纹主要为带有眼状的桃形花纹和云纹，以及飞卷流云和隐约露头的凤鸟，随葬清单遣策中称之为"乘云绣"，寓意"凤鸟乘云"（图2-1-5）。而同期的"长寿绣"则以穗状云纹铺满织物，并点缀花蕾，纹样循环较大，云气密布，动感较强。由于色彩的变化，故图案似朵朵卷曲的祥云舒展在仙树的枝叶间，细看则是茱萸、凤鸟等显现在云中，内容较为抽象，具有古拙的艺术风格（图2-1-6）。

通过对中国传统服饰中云纹艺术形态演变的探究，可以看出图案形态特征因朝代更替、审美追求、南北文化交融而不断变化，整体呈日渐精细化的发展趋势，体现了不同时期人们的主观审美追求与中华民族多元化的文化特征。

图2-1-5 "乘云绣"纹样及图解（湖南博物院藏）

图2-1-6 "长寿绣"纹样及图解（湖南博物院藏）

（二）龙纹

中国龙纹的演变过程是由简到繁，由抽象到具象，是华夏各民族文化与制度、审美与心理、工艺与智慧的凝结和体现。从周朝开始，龙纹就是统治者的独有标志。明黄缎绣云龙朝袍以明黄缎为衣料，披领及袖用石青色缎，两肩、前胸、后背、腰部、下段叠褶、马蹄袖等部位绣有正龙、行龙以及团龙等形式龙纹（图2-1-7）。其造型各异，例如正面蜿蜒状、侧面爬行状和侧身飞舞状等，彰显了君王的威严感。在龙纹的发展演变过程中，不仅形态发生变化，人们还将龙纹与其他纹饰、题材相结合，赋予吉祥的寓意。清代绛红色云蝠纹妆花藏式龙袍中间部分饰有五爪龙、红蝠、如意云、盘长和菊花等纹样，题材丰富，主次分明，其中如意云在汉代云纹基础上结构更加复杂，形象更加细腻，突破了原有的形式构架（图2-1-8）。

图2-1-7 明黄缎绣云龙朝袍（中国丝绸博物馆藏）

图2-1-8 绛红色云蝠纹妆花藏式龙袍局部（中国丝绸博物馆藏）

（三）蝴蝶纹

蝴蝶纹在中国传统文化中象征爱情和自由，并且具有吉祥美好的寓意。蝴蝶纹作为装饰纹样最早出现在唐代，造型圆润饱满，形象多为对称造型；宋代蝴蝶纹则清秀典雅，构图较为简洁；而后明清时期，蝴蝶纹应用广泛，样式繁复，造型多样。蓝地花蝶纹二色缎织成大袄为典型的清代汉族女装样式，其衣身的花蝶纹布局均匀，造型各不相同，蝴蝶有正侧、大小之分，形态更为生动，并且蝴蝶身上的纹路也有所差异（图2-1-9）。蝴蝶纹常与其他物象组合出现，装饰部位丰富，构图均匀和谐，具有一定的美感。清苗族圆领右衽广袖紫色花缎绣花夹衣，前胸右衽和前后下摆镶青斜纹布及花边（图2-1-10）。青斜纹布上装饰蝴蝶纹、花卉纹，前后摆左、右和中间开衩，并绣有山字形如意纹，如意纹里含花草纹和蝴蝶纹，整件服装表达了普通平民对美好生活的向往。

图2-1-9　蓝地花蝶纹二色缎织成大袄（民族服饰博物馆藏）

图2-1-10　清苗族圆领右衽广袖紫色花缎绣花夹衣（湖南博物院藏）

（四）团花纹

团花纹是把动物、植物或人物等组合成圆形或类似圆形的一种图案，具有多样性，且形象丰富，团花纹蕴含着中国文化的圆融与和谐，表达了人们对美好生活的向往和追求吉祥的意识（图2-1-11）。常见的团花纹有蝴蝶团花、双鱼团花、绣球团花、牡丹团花等。这些团花纹被广泛应用于传统服饰中，一般装饰于服装的胸背及肩部位置。立领对襟青缎镶花边绣凤凰团花夹衣为清代侗族官员便服（图2-1-12），领口、对襟、袖口、下摆处均镶有黄缎花边。前胸后背绣有左右对称的凤凰团花纹样，此纹样流行于清代，圆圈内绘一只或两只凤凰，有的衬以云纹，象征高升和如意。

中国传统服饰图案反映了中华民族的悠久历史，是世界文化艺术瑰宝。中国传统服饰图案不仅在造型、色彩、工艺

图2-1-11　团花纹

等方面值得借鉴，其本身所具有的内在意义和文化底蕴也值得学习，只有熟练掌握传统服饰图案的艺术形态及意义，才能更好地将其运用到现代服饰设计中，从而推陈出新，提高中国服饰设计的价值，提高大众审美。

图2-1-12 清代侗族立领对襟青缎镶花边绣凤凰团花夹衣（湖南博物院藏）

第二节 外国传统服饰图案的艺术表现

外国传统服饰图案丰富多彩，体现了外国文化的独特特色和风格，由于种族地域等各种差异而形成不一样的文化魅力。外国传统服饰图案是民族文化的重要载体。外国文化为明喻文化，重视造型、线条、图案、色彩本身的客观化美感，以视觉舒适为第一，传达丰富的历史、宗教、社会与审美信息。

一 外国传统服饰图案艺术形态

外国传统服饰图案的艺术形态多种多样，通过艺术家们的巧妙构思和精湛技艺得以传承和发展，成为人类文化遗产中不可或缺的一部分。外国传统服饰图案的艺术形态深受各自地域文化、宗教信仰、审美观念以及历史传统的影响。

外国传统服饰图案题材丰富，几何图案在许多国家和地区的传统服饰中占据重要地位。这些图案通常以简单的线条和形状组合而成，如圆形、三角形、菱形、正方形等，通过重复、对称、交错等手法构成复杂的图案。非洲的传统服饰中，几何图案尤为突出，它们以简洁的几何形式为基础单位，呈四方或二方散点方式排列，色彩鲜艳，对比强烈，具有强烈的视觉冲击力（图2-2-1）。植物图案也是外国传统服饰中常见的元素之一。这些图案往往取材于当地的自然植物，如花卉、藤蔓、叶子等，通过艺术家的巧妙构思和精湛技艺，将植物的自然形态转化为生动的服饰图案。印度纱丽图案中的花卉和藤蔓元素就是一个典型的例子（图2-2-2），它们不仅装饰了服饰，还体现了印度人民对自然的热爱和崇拜。

图2-2-1 非洲传统服饰几何图案 　　　　　　　图2-2-2 印度纱丽植物图案

动物图案在外国传统服饰中同样占有重要地位。这些图案通常以猛兽、神鸟、神兽等形象出现，象征着力量、智慧、吉祥等寓意。美洲民族服饰中的太阳神、美洲豹、鹰等图案就是典型的动物图案代表，它们不仅具有装饰性，还承载着深厚的文化内涵和宗教信仰。美洲印第安人服饰一大特色就是佩戴鹰羽冠头饰（图2-2-3）。人物与神话图案在古希腊等西方国家的传统服饰中较为常见（图2-2-4）。这些图案常以英雄人物、神话故事为题材，通过细腻的描绘和生动的构图，展现西方文化的独特魅力。古希腊服饰中的掌状叶与忍冬花图案常与英雄人物和神话故事相结合，形成一种独特的艺术风格。古埃及图案中的人物造型也极具特色，人物形象的表现脸是侧面的，突显出额头、鼻、唇的外轮廓，眼睛却是正面的，有完整的两个眼角，胸也是正面的，腿和脚又是侧面的，这样看似不太正常的人体造型，保持了数千年之久（图2-2-5）。

除了具象图案外，外国传统服饰中还有一些抽象和意象的图案。这些图案往往不拘泥于具体的形态和细节，而是通过色彩、线条、形状等元素的组合和变化，传达出一种特定的情感和氛围。洛可可风格的服饰图案就是一个典型的例子，它们以柔美精巧的花草纹样为主，通过不对称的构图和柔和的色彩搭配，营造出一种轻盈纤细、精致典雅的艺术效果（图2-2-6）。

图2-2-3　美洲印第安人动物图案头饰　　　　　　　图2-2-4　古希腊人物与神话图案

图2-2-5　古埃及人物图案造型

图2-2-6　洛可可风格服饰图案

二　外国代表性传统服饰图案

外国传统服饰图案体现了各国文化的传承、宗教的信仰与神话传说的表达、审美观念与艺术风格的展现以及社会地位与身份象征等。穿着带有特定图案的传统服饰，人们能够感受到自己与祖先的文化联系，增强民族认同感和归属感。下面介绍一些代表性外国传统服饰图案。

（一）佩兹利纹样

佩兹利是欧洲重要的经典图案之一，源于东方，盛于西方，流行了数百年。佩兹利纹样辨识度很高，外形像火腿、像勾玉、像凤凰羽毛、像变形的水滴、像中国道家的阴阳图案，它的核心元素是标志性的泪滴状图案，"泪滴"内部和外部都有精致细腻的装饰细节。

佩兹利纹样没有固定的排列规则，图案形态由圆点和曲线组成，以旋涡形为基本形，结合花草等装饰纹进行表现，色彩华丽，格局饱满，可利用纹样的大小以及不同的表现技法形成不同的面料纹样效果（图2-2-7、图2-2-8）。

佩兹利纹样具有古典主义气息和民族特色，有吉祥美好、延绵不断的寓意，体现着东西方文化的交流与融合，充满自由灵动的生命力，被设计师广泛运用在设计作品中。MiuMiu品牌手袋装饰采用佩兹利纹样，巧妙组成圆形适合纹样（图2-2-9），佩兹利纹样还被其他设计师运用在其他设计领域，如图2-2-10中的餐盘以对称式构图进行表现，采用佩兹利纹变化组合，搭配绚烂的色彩，别具异域风情。

图2-2-7　大花形佩兹利纹样

图2-2-8　小花形佩兹利纹样

图2-2-9　MiuMiu品牌佩兹利纹样手袋

图2-2-10　佩兹利纹样餐盘

（二）朱伊纹样

朱伊纹样是法国传统印染面料纹样，源于18世纪晚期。朱伊纹样具有古典主义风格，呈现浮雕效果，层次分明，造型逼真，形象繁多，刻画生动细致，画面极具故事情节感。朱伊纹样展现了欧洲上流社会的闲适生活，具有浓郁的贵族气息和生活记忆，以人物、动植物、器物、建筑等题材构成田园风光、劳动场景、神话传说、人物事件等连续循环图案（图2-2-11、图2-2-12），一般做规则性散点排列，色调以单色为主，将图案印在本色面料上，最常用的颜色有深蓝、深红、深绿、深米色等，将绘画艺术与实用艺术相结合。

朱伊纹样早期主要应用于家居设计中，如壁纸、家纺、家具中等，如今已成为一个经典的时尚元素被广泛运用在各个领域。品牌Dior将朱伊纹样进行全新演绎，运用在系列成衣与饰品中，尽显法式浪漫风情（图2-2-13）。品牌Stella Jean秋冬成衣系列将红色系朱伊纹样搭配数字皮尺，趣味性十足

（图2-2-14）。品牌Moschino大面积运用朱伊纹样，将其装饰在服装及饰品上（图2-2-15）。

图2-2-11　描绘人物事件的朱伊纹样

图2-2-12　描绘贵族生活的朱伊纹样

图2-2-13　品牌Dior秀场

图2-2-14　品牌Stella Jean秀场

图2-2-15　品牌Moschino秀场

（三）古埃及纹样

古埃及纹样与宗教、信仰和社会生活密切相关，具有程式化的特点，图案元素和布局遵循一定的规则和模式，主题纹样多采用二方连续的组织形式，其他纹样则呈散点或四方连续的组织形式，图案色彩鲜明，常用红、黄、蓝、绿等鲜艳色彩，对比强烈，使图案更加生动抢眼。

典型的古埃及纹样有莲花图案、纸草图案、动物与人头结合的神明图案、象形文字图案。莲花在古埃及被视为幸福的象征，图案中经常出现对称的莲花设计，给人以庄严感和神圣感。纸草是古埃及的主要书写材料，图案中的纸草形象象征着幸福和吉祥。古埃及的神明图案体现了古埃及人对神灵的崇拜和想象（图2-2-16），如狮头人身的斯芬克斯、鹰头人身的荷鲁斯等。古埃及的象形文字本身就是一种图案化的文字，每个符号都像一幅画，既具有表意功能，又具有装饰作用（图2-2-17）。

　　品牌Dior设计师将古埃及壁画元素融入服装中进行表现（图2-2-18）。品牌Topshop Unique以古埃及文明为主题进行系列服装设计，采用古埃及几何图案搭配黑色、金色，将传统元素与现代服饰进行融合，呈现出一种年轻化的都市风格（图2-2-19）。

图2-2-16　古埃及神明图案

图2-2-17　古埃及象形文字图案

图2-2-18　古埃及壁画元素服装

图2-2-19　古埃及几何图案元素服装

　　服饰是时代的一面镜子，它反映了社会的政治、经济、宗教、文化、生活习俗以及思想和道德等。在几千年的历史中，外国传统服饰的一些设计原则和美学思想也有着借鉴的意义。一切符合现代人们生活、思想的传统服饰，都是实用和美观的统一。文化本身就具有交流和融合的特点，不同国家、不同民族的文化可以互相交融，并产生新的、先进的文化。

本章小结

　　■ 中国传统服饰图案设计造型变化丰富，不同时期、不同地域、不同文化的传统服饰图案都各具特色，学习和借鉴中国传统文化有助于培养审美意识，提高审美能力，增强文化自信。

　　■ 外国传统服饰图案与中国传统服饰图案的设计风格各不相同，熟悉纹样艺术形态、文化内涵，能够在设计时扬长避短，从而有效进行创新设计。

思考题

1. 中国传统服饰图案有哪些题材？

2. 中国传统服饰在服装上如何表现？装饰于哪些部位？

3. 外国传统服饰图案的题材有哪些？

4. 古埃及纹样的人物图案有什么特征？

5. 外国传统服饰图案中最具故事情节感的是什么纹样？

第三章
图案基础知识

基础理论——图案基础知识

课题内容：

1. 图案的写生与变形。

2. 图案的表现技法。

3. 图案的形式美法则。

课题时间： 8课时。

教学目的： 通过学习使学生了解图案写生及变形的方法，熟悉图案的各种表现技法，掌握形式美的规律及运用，赋予纹样新的视觉效果，培养学生的工匠能力与吃苦耐劳精神。

教学要求：

1. 了解和掌握写生和变形的方法，能合理选择变形方法进行图案设计。

2. 熟悉图案的各种表现技法，并能进行灵活运用。

3. 了解图案的形式美法则，掌握形式美的规律并能运用。

教学方式： 多媒体演示。

课前准备： 学生课前预习，教师准备好教学工具、资料，解答学生问题。

第一节　图案的写生与变形

　　图案的写生与变形是指通过对自然形态以及人造形态的观察，发现形态的多样性和形态变化的可能性，从中整合、提取出多种类型的形态或其中的某个元素，以二维的形式对其进行形态构成的变化与组织结构的演化，从而获得有审美情趣的、有意义的原创图形。在写生变形中，写生是前提，变形是目的。

一　图案写生的目的

　　图案写生是图案变形的基础，通过写生掌握植物、动物、人物等的生长规律和特征，可以了解不同的形体结构和形态面貌；大量的写生可以为图案的艺术创作收集、积累形象，通过对素材的整理，可以有效激发创作的灵感；写生还可以锻炼创作者的观察能力和表现技巧，并提高审美能力。

　　写生的注意事项如下：

（一）观察对象，抓住特征

　　通过观察对象，提炼出它们最具代表性的特征。比如梅花和桃花的花瓣都是五个瓣的（图3-1-1、图3-1-2），仔细观察会发现它们各自有不同的特征。

（二）抓住本质，大胆取舍

　　通过对花卉植物的写生，掌握花卉的生长特征，在图案设计中对花卉进行大胆取舍，留下其最主要的特征。

图3-1-1　梅花

图3-1-2　桃花

二　图案素材收集的主要途径

（一）写生

　　随身携带速写本，记录生活中的不同画面，把写生画面作为基本形变化的原始材料，在设计中巧妙运用。

（二）临摹

向有资历的学者取经，多吸取别人的精华，临摹优秀的范画，促使自己更快地总结归纳。

（三）摄影

摄影是最方便快捷的记录途径，快速拍摄的画面，可以帮助自己寻找更多的灵感，有助于更好地捕捉新元素。

（四）网络收集

网络资源丰富，素材更新快，可以多渠道了解、关注优秀的设计素材，紧跟时代潮流，使素材收集更为广泛。

三　图案的写生方法

（一）线描写生法

线描写生法是图案写生中最方便、最常用的一种方法。运用线条的粗细、浓淡、曲直、刚柔等变化，准确表现对象的形态、结构和特点，通过线条的穿插和交错来表现对象的层次和立体感（图3-1-3、图3-1-4）。

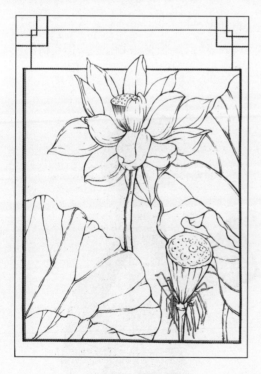

图3-1-3　线描荷花

图3-1-4　线描金苞花

（二）明暗写生法

明暗写生法又称为素描写生法，运用黑、白、灰的层次处理表现物象在光源下的立体感，注重体现物象的光影和明暗效果。此种写生法具有真实、生动、立体感强的特点（图3-1-5和图3-1-6）。

图3-1-5　金铃花明暗写生法表现

图3-1-6　百合花明暗写生法表现

（三）影绘写生法

影绘写生法也称黑影平涂法，主要描绘物象的外形特征，像剪影一样表现物象。影绘写生法强调物象的整体效果，力图通过最简练的手法表达对物象的认识并呈现其外形特征（图3-1-7）。这是最大限度地简化内部而强化形象轮廓特征的一种手法。这种装饰手法在民间剪纸和皮影戏的人物造型中运用得最多（图3-1-8）。

图3-1-7　影绘写生法

图3-1-8　皮影人物造型

（四）彩绘写生法

彩绘写生法是用彩色颜料描绘对象色彩的明暗、冷暖变化等关系，真实而生动地再现客观对象（图3-1-9），可以采用水粉或水彩颜料进行表现，彩绘写生法分为淡彩法和平涂法两种。淡彩法表现的画面非常通透，有中国画的写意效果；平涂法表现的画面装饰感强。

图3-1-9　彩绘写生法

四　图案的变形设计

图案变形是将自然物象的形象转变为设计形象的重要方法。图案写生为图案变形奠定了基础，通过图案写生所收集的自然形象不等于图案纹样，写生的形态往往过于单调或繁复，所以需要经过整理加工再进行设计，使它更有实用性和装饰性，这就是图案的变形。

通过图案变形可以使原对象的特点更典型、更强烈，强化对象的代表性特征。图案变形的目的是使形象更美、更理想、更具有装饰性，也更符合工艺制作的要求。

图案的变形方法如下：

（一）简化法

简化法就是做减法，将素材简化省略，去繁就简，提炼概括，净化提纯，把十变一。目的是要用朴素、简洁的艺术语言表达丰富的内涵，使形象刻画得更典型、更精美，主题更突出（图3-1-10）。

图3-1-10 简化法郁金香变形设计

（二）添加法

添加法与简化法相反，就是做加法，在简化的图案形象外轮廓中添加纹饰，可以采用寓意性添加、联想性添加、肌理性添加以及添加抽象图形等来完成（图3-1-11）。

图3-1-11 添加法玫瑰花变形设计

寓意性添加是将吉祥寓意与图形结合起来，常采用谐音、象征、暗喻等手法。联想性添加是指在造型时将某一物象与另一物象按其相互类似之点进行联合，共组形象。肌理性添加主要是添加一些不同的纹理，比如木头的纹理、石头的纹理等。添加抽象图形就是在需要时添加一些几何图形，丰富图案形象。

（三）夸张法

夸张法是装饰造型中必不可少的一种表现手段，经过夸张手法处理的作品会有强烈的艺术表现力和张力。夸张法的运用能够加深人们的印象（图3-1-12）。

图3-1-12 夸张法马蹄莲变形设计

图案夸张法的核心在于对对象特征的强化与放大，旨在创造出更鲜明、生动的视觉效果。这种方法不仅局限于对对象尺寸的简单放大，而是深入到对象的形态、色彩、动态乃至情感表达等多个层面，进行有意识的强调和突出。

（四）几何化法

几何化法也叫抽象法，就是以几何形概括自然形象，用点、线、面的几何形去提炼对象，使其规则化、几何化、装饰化（图3-1-13）。

图3-1-13　几何化法马蹄莲变形设计

（五）拟人法

拟人法是将人类的思想感情赋予人类以外的物象，比如赋予动物、植物等人的精神、神态、表情等。童话、寓言、动画片中常采用拟人法，非常适合儿童的心理，具有丰富的想象力和幽默感，深受人们喜爱（图3-1-14）。

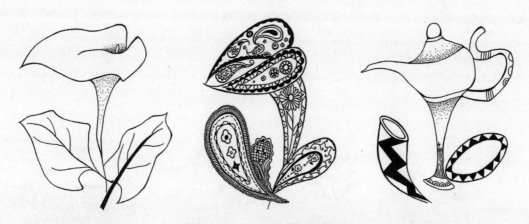

图3-1-14　拟人法马蹄莲变形设计

（六）求全法

求全法追求画面形态完整，不受时空限制，集中表现美好事物，常常把意想不到的事物组合在一起，使其具有美好寓意。求全法表达了人们追求圆满与完美的心理（图3-1-15）。

图3-1-15 求全法铃兰花变形设计

（七）解构法

解构法类似于构成中的打散重构或剪拼重组。根据主观意图，将自然界中的物体经过归纳、提炼、概括处理之后，将它分割移位，然后根据一定规律重新组合（图3-1-16）。

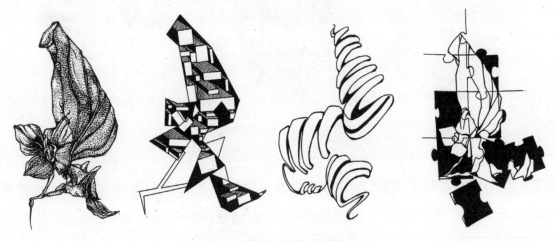

图3-1-16 解构法花卉变形设计

（八）巧合法

巧合法是将形态进行巧妙组合，共用造型表现出新形象。共用造型是一种双重的造型，经过巧妙构思将一个局部形象或一个整体形象组成适用于两个或两个以上的形象。这种造型以简单的形式出现，具有丰富的内涵（图3-1-17）。

图3-1-17 巧合法玫瑰与蝴蝶组合变形设计

（九）象征法

象征法是以某种形象表现相似或相近的概念，寄托某种思想和感情。设计者把美好的理想和愿望，寓意于一定的形象之中，用来表达对某种事物的赞美与祝愿。象征法在中国传统图案和现代标志图案中应用广泛，如长城代表中国，鸽子和橄榄叶的组合象征和平等。

第二节　图案的表现技法

图案的表现有许多种技法，选择不同的表现技法对画面的效果会产生直接的影响，在一幅图案中，可采用单一表现技法，亦可采用多种技法综合表现，以达到完美统一的独特内涵。

一　图案的绘制表现技法

（一）点线面表现法

点、线、面是形态构成的基本要素，在图案设计中离不开这三种元素。点、线、面有着不同的特征，在设计中可以采用点、线、面达到不同的视觉效果（图3-2-1）。

点绘法：点有大小、方圆、疏密、规则与不规则的区别，可用不同的工具、不同的工艺手法等来表现它。点绘法可以塑造形体的立体感，丰富画面的层次感。密集的点具有紧

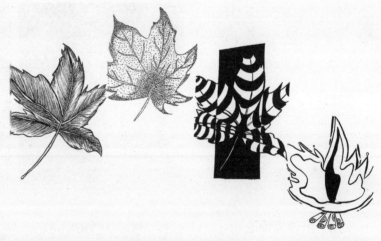

图3-2-1　点线面表现法

张、凝聚感，疏散的点具有轻松、轻快感，自由的点具有生动感等。点的面积不同、形状不同，会带来多样化的视觉效果。多色的点绘使画面产生色彩的颤动感。

线绘法：通过运用不同形态、粗细、长短、虚实等变化的线条，来表现物体的轮廓、结构、质感以及画面的空间感和节奏感。

面绘法：又称作影绘法，是一种以面为主要表现手段的艺术创作方法。它主要通过各种不同面积、大小、形状的黑白色块来表现物象，利用黑白色块的对比关系，巧妙安排这些色块，使画面在总体上既保持基调的单纯性，又展现出丰富的层次感。

（二）平涂法

平涂法是图案造型中最基本也是最常用的表现技巧，填涂色彩要求均匀平整。平、板、洁是其鲜明的艺术特征。平涂法强调图案造型的纯粹性和创造性，以一种稳定的、均衡的、节奏的造型效果塑造新的视觉形象（图3-2-2）。

（三）勾线法

勾线法指在填涂好颜色的图案中采用线条进行勾勒，或者先勾勒出图案的轮廓线，再进行填色。上色时，既可以不破坏线形，也可以有意地将线条作似留非留、似盖非盖的顿挫处理，从而使线形更加富有变化。勾勒的线形依据艺术表现意图可变化粗细，勾勒线条的工具可为毛笔、钢笔和蜡笔等（图3-2-3）。

（四）渲染法

渲染法指对图案形象的色彩作由浓而淡、由浅及深的过渡处理方法，属于中国传统工笔画的表现技巧。其特点是使画面有强烈的层次感、虚实感和起伏感，视觉效果丰富而细腻（图3-2-4）。

图3-2-2　平涂法　　　　　　　　图3-2-3　勾线法

（五）撇丝枯笔法

撇丝枯笔法指用毛笔蘸好色，将笔头分成几小撮来绘制图案形象的特殊用笔技法。在采用此法时，笔头的分撮与形象面积的大小、线条的长短粗细关系有密切的关系，干湿程度应以描绘对象时流畅自如为宜（图3-2-5）。

图3-2-4　渲染法

（六）肌理表现法

肌理表现法是利用各种肌理手法进行面料的表现，肌理的表现方法包括干擦法、刮色法、喷绘法、揉纸法、撒盐法、拓印法等。

干擦法指用较干的笔蘸色，擦出物象的结构和轮廓，它在画面中会出现"飞白"的效果（图3-2-6）。

图3-2-5　撇丝枯笔法

刮色法是利用某种硬物、尖状物或刀状物，刮割画面，使其产生一种特殊效果的方法。由于刮色法对纸张有损害，运用此法时，需考虑刮割的深度与纸张的质地与厚度，避免划破纸张。

图3-2-6 干擦法

喷绘法是采用特制喷笔绘制出具有渲染、柔润效果的装饰技法。这种技法的特点层次分明、制作精致、肌理细腻，给人以清新悦目、精工细作的美感。一般在选用此法时，多采用刻形喷绘的方式，这样易取得画面的最佳效果。

揉纸法是将纸张通过手工揉皱，使纸面全部或局部发生凹凸不平的变化，在凸起的部分着墨或着色，从而使纸面呈现出不规则的痕迹，形成独特的艺术效果（图3-2-7）。

撒盐法是趁画面上的颜料未干时，将细盐粒均匀地撒在画面上，从而形成独特的肌理效果。这种技法能够增加画面的层次感和趣味性，使作品更具艺术魅力（图3-2-8）。

拓印法是采用某种材质蘸上颜料直接拓印在纸张上形成肌理的效果，材质表面不同的质感会形成不同的纹理（图3-2-9）。

图3-2-7 揉纸法

图3-2-8 撒盐法

图3-2-9 拓印法

二 图案的材料表现技法

（一）剪纸拼贴法

剪纸拼贴法又称剪贴法，指采用不同颜色、材质的纸张，如有色卡纸、电光纸、包装纸及印刷画报纸等，直接剪出图案的纹样形态，然后粘贴组合到画面上构成图案艺术形式的技法。这种技法主要依靠纸张原有的颜色、纹理加以巧妙运用，表现不同的图案内容。用剪刀取代画笔来刻画纹样的造型，别有韵味，具有独特的装饰效果（图3-2-10）。

用剪纸拼贴法表现的图案纹样不宜太细、太碎，造型要单纯、概括，同一幅画面所选用的纸张种类不宜太多。在所有的材料表现技法中，剪纸拼贴法的材料是纸张，因而它比其他技法更易制作和掌握。

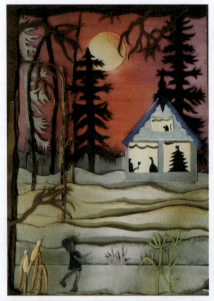

图3-2-10 剪纸拼贴法

（二）毛绣法

毛绣法是一种独具特色的刺绣技艺，使用动物皮毛中的锋毛（退绒）作为原材料，在传统的大经纬线料或纱网上进行绣制的一种工艺方法（图3-2-11）。

（三）镶拼法

镶拼法指将布料或者其他材料剪裁成特定形状，

图3-2-11 毛绣法

然后把它们拼接在一起形成图案的造型手法。通过不同面料、颜色及纹理的镶拼，可得到丰富的效果（图3-2-12）。

（四）综合表现法

图案设计时采用两种或两种以上的表现方法进行图案的表现，称为综合表现法，这种技法可以丰富图案的艺术效果，增强视觉冲击力（图3-2-13）。

图3-2-12　镶拼法　　　　　　　　　　　　　　　　　　　图3-2-13　综合表现法

第三节　图案的形式美法则

一　变化与统一

　　变化与统一是构成形式美感的重要法则之一，是一切艺术最基本的法则，是图案设计的总体特征。图案设计通过变化与统一的法则达到保持稳定和促进发展的目的。在图案设计中，变化与统一法则是形成视觉美感的基本条件。

　　统一是指两种或两种以上的元素并置在一起组合成一个整体，通过设计加工，使画面形式归于一致，从而得到多样、调和、和谐的画面效果。变化是指两种或两种以上的元素之间的差异，不同的因素存在可以形成对比的效果。变化和统一同时存在，既相互对立又相互依存，两者缺一不可（图3-3-1）。

图3-3-1　变化与统一

二 \ 对称与均衡

对称与均衡是图案设计最基本的形式美法则，对称表现优雅、安定、端庄之美，均衡体现变化、活泼、生动的形式美感。

对称是指量的平衡，视觉对象的横、竖两方面进行分割，两部分相等，形成某种安定的形态。无论是左右还是上下的划分，被划分的两部分相同，而划分的线是画面的对称轴。对称包括左右、上下或以中心点为圆心的各个方位的对称（图3-3-2）。

均衡也称平衡，没有对称轴的限定，依据重心来控制画面的平衡。均衡是在对称的基础上发展起来的，由形态的对称变为力的对称，因而在美学中表现为布局上的等量而不等形的平衡效果。Kenzo品牌秀场以玫瑰花为主要视觉元素，采用均衡造型表现在服装上，尽显活力与青春气息（图3-3-3）。

均衡与对称是互为联系的两个方面。对称产生均衡，均衡又包含了对称因素。均衡打破静止的局面，追求活泼的、带有动感的美感。

图3-3-2　对称纹样设计表现

图3-3-3　均衡纹样设计表现

三 \ 节奏与韵律

图案设计中的节奏与韵律是形成视觉设计美感的重要因素，将图形按大小、明暗、粗细、疏密、主从等对比体现出来，进行有秩序的排列，就形成了节奏与韵律。掌握节奏与韵律能使设计作品更具条理性，形式更加统一（图3-3-4）。

图3-3-4 节奏与韵律

节奏与韵律具有活跃的运动感，使设计作品变得轻松活泼，能够提高观者的视觉兴奋度，并且能引导人们的视觉流程，使整个设计作品的运动趋势有一个主旋律，并能有效减轻视觉疲劳。

四 \ 对比与调和

对比与调和法则是多样统一的具体化。对比是变化的一种方式，调和是形的类似、形体趋于一致的表现。对比可以形成鲜明的对照，使图案活泼生动，而又不失完整，使造型主次分明，重点突出，形象生动。但是过分对比会产生刺眼、杂乱等感受。调和是对各种对比因素协调处理，

图3-3-5 对比与调和

使对比因素互相接近或逐步过渡，从而给人以协调、柔和的美感（图3-3-5）。

五 \ 比例与尺度

比例通常指同一物体放大或缩小后的数量关系，也常指物体与物体之间、整体与局部之间的长、宽、高以及体积之间的尺度关系。恰当的比例给人一种和谐的美感，成为形式美法则的重要内容。美的比例是图案设计中一切视觉单位编排组合的重要因素（图3-3-6）。

图3-3-6 比例与尺度

六 条理与反复

条理与反复是客观存在的自然现象，自然物象具有各自不同的结构特征和规律，如动物的斑纹、蝴蝶的色彩、树木的年轮、树叶的形状等，呈现出各自不同的条理因素。这也是进行条理的概括和归纳的依据。条理是对复杂的自然物象的构成关系经过概括、归纳，使之规律化和秩序化，呈现出整齐的美感，条理与反复是图案设计组织的基本方式之一。条理是秩序，反复是节奏。条理与反复是客观世界存在的自然现象（图3-3-7）。

图3-3-7 条理与反复

本章小结

■ 图案写生是一切素材的基础，也是图案变形设计的主要来源，生活中要擅于收集。

■ 图案变形设计需要勤加练习，可以结合身边的事物多角度观察、比较，最终通过一些变形方法设计图案。

■ 图案的各种技法需要在学习过程中反复练习，只有熟练之后才能更好地运用在图案设计中。

■ 图案的形式美法则较多，只有融会贯通才能结合运用于设计中。

思考题

1. 进行图案写生时需要注意哪些事项？

2. 图案变形方法中的添加法可以丰富图案形态，应从哪些角度思考如何添加纹样？

3. 如何巧妙运用图案绘制表现技法中的点线面技法？

4. 图案的材料表现技法中的镶拼法在材料的选择中要注意哪些问题？

5. 如何在图案设计作品中综合表现图案的形式美法则？

6. 图案的对比与调和关系可以通过哪些因素表现？

第四章
图案组织形式及其服饰创新应用

应用理论与训练——图案组织形式及其服饰创新应用

课题内容：

1. 单独图案组织形式及其服饰创新应用。

2. 适合图案组织形式及其服饰创新应用。

3. 二方连续图案组织形式及其服饰创新应用。

4. 四方连续图案组织形式及其服饰创新应用。

课题时间： 12课时。

教学目的： 主要阐述服饰图案的组织形式，使学生掌握服饰图案的设计方法，提升创新设计应用能力。

教学要求：

1. 使学生掌握服饰图案的组织形式。

2. 使学生掌握服饰图案的布局、空间关系。

3. 使学生掌握图案的组织形式及其在服饰中的创新应用。

教学方式： 多媒体演示、案例分析、启发式教学。

课前准备： 教师准备相关图案设计的图例，学生课前预习内容，搜集图片；浏览书籍或网站。

第一节　单独图案组织形式及其服饰创新应用

单独图案是图案组织形式中最基本的单位形式，没有一定的外形轮廓，但能够独立存在且具有完整感的一种图案。单独图案是根据用途独立存在的装饰图案，有强化作用，可集中引导视线，起到画龙点睛的作用。

单独图案的特点是作为一个单元图形出现，表现手法、组织形式都不受外形和任何轮廓的局限，能够独立存在。这种图案的组织与周围其他图案无直接联系，但要注意外形完整、结构严谨，避免松散凌乱，单独图案可以单独用作装饰，也可用作适合图案和连续图案的单位纹样。

一　单独图案组织形式

作为图案的最基本形式，单独图案从布局上分为对称式和均衡式两种形式。对称式单独图案具有规则的结构形态，均衡式单独图案具有构图新颖、图形变化丰富等特点，设计和使用应注意构图的稳定性。

（一）对称式单独图案

又称均齐式单独图案，它是依据一个中心线，在中心线两侧配置同形、同量、同色的图案组合。其骨法特点是以中轴线或中心点为基准，可单轴对称或双轴对称，并在其左右或上下布置同形、同量的图案，又有绝对对称和相对对称两种形式（图4-1-1）。

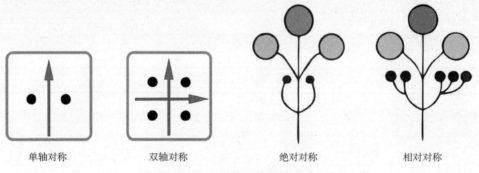

单轴对称　　　　双轴对称　　　　绝对对称　　　　相对对称

图4-1-1　对称式单独图案的骨法

对称式单独图案的组织结构按基本型的动势又可分为相背式、相向式、交叉式、综合式等（图4-1-2）。

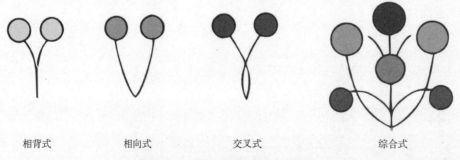

相背式　　　　相向式　　　　交叉式　　　　综合式

图4-1-2　对称式单独图案的组织结构

对称式单独图案结构严谨丰满、工整规则，具有条理、平静、严肃、庄重大方的风格效果，常用于花卉、动物等单独图案中（图4-1-3、图4-1-4）。

（二）均衡式单独图案

又称平衡式单独图案，是以整个图案的重心为布局，依据轴线或中心线、中心点采取等量不等形的纹样组织形式，在视觉上和心理上求得力的平衡与安定。均衡式单独图案的组织结构又分为涡形平衡、S形平衡、相背平衡、相向平衡、交叉平衡、重叠平衡等（图4-1-5）。

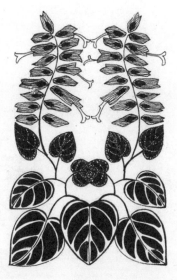

图4-1-3　对称式花卉单独图案　　图4-1-4　对称式动物单独图案

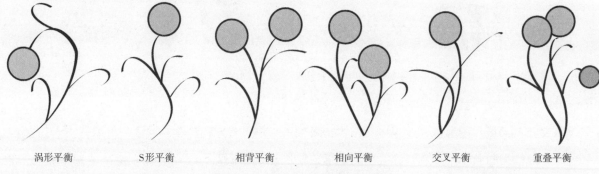

涡形平衡　　　　S形平衡　　　　相背平衡　　　　相向平衡　　　　交叉平衡　　　　重叠平衡

图4-1-5　均衡式单独图案的组织结构

均衡式单独图案在保持图案重心平衡的前提下，可以任意构图，在中心点和轴线上采取等量而不等形的组织形式，图案的上、下、左、右均不受限制，但通过动势的穿插变化在视觉和心理上达到力的平衡与安定，与对称式单独图案相比，均衡式单独图案形式生动、活泼、富有动感。在保持视觉平衡的状态下，形态在平面空间中自由伸展、穿插，没有规矩和格式的限制，常用于花卉单独图案中（图4-1-6）。

（三）单独图案构图注意事项

单独图案的构图主要应注意以下方面：

（1）重量的平衡：在动植物组合的单

图4-1-6　均衡式花卉单独图案

独图案变化中，应注意图案的大小比例搭配所形成的画面平衡效果（图4-1-7）。

图4-1-7 动植物组合单独图案设计（作者：徐丽）

（2）空间的平衡：单独图案中图案的疏密、聚散对比，能够形成空间上的平衡。

（3）动态的平衡：图案的动态曲线形式，能够形成一定的节奏感和韵律感（图4-1-8）。

（4）色彩的均衡：图案中色彩的纯度、明度以及色相的强弱对比关系，在视觉上达到平衡的效果（图4-1-9）。

图4-1-8 动物单独图案设计（作者：陈芳芳）　　　　图4-1-9 戏剧单独图案设计（作者：金慧莹）

二 \ 单独图案组织形式服饰创新应用

将单独图案应用于服饰中时，比较常见的有以下三种表现方式：

（一）平面贴附，色彩符合情感表达

如图4-1-10所示，在设计过程中可融入时尚文化元素，该图案设计显现了色彩的情感表达。

（二）不同位置换色不换形

如图4-1-11所示，脸谱单独图案通常作为衣服的胸背部装饰，大多集中在上半身，处在正常视线范围之内。因此单独服饰图案设计需体现一定的顺序性，并解决好主次关系及层次感。

图4-1-10　桃子图案服饰应用

（三）突出主题，表现设计元素

如图4-1-12所示，在设计过程中，重点是将戏剧主题元素突出，尤其需要注意的是，既然是突出主题，图形出现的位置也十分重要，一般来说会放在人体较为显眼的位置，容易成为视觉中心点，突出主题的重要性。

图4-1-11　脸谱图案服饰应用

图4-1-12　戏剧装饰图案服饰应用（作者：邓爽）

三 \ 单独图案创新应用项目实践

（一）项目实践目的

通过对单独图案组织形式的理解，掌握单独图案的服饰设计应用表现方法。

（二）项目实践内容

本系列作品充分考虑单独图案的特征，以南丰傩面具为设计灵感，《傩角百态》为主题，完成项目实践。实践要求从灵感收集到服饰效果图、图案工艺实践等，进行单独图案的标准化设计及其服饰创新应用。

（三）项目实践步骤

1. 灵感来源

傩面具是一种艺术符号，南丰傩面具是南丰傩戏中的核心元素，是傩文化的重要组成部分。通过独特的艺术形式和表现方法，为研究人类发展过程中的生活情感、审美心理和审美观念提供了参考（图4-1-13）。

图4-1-13 《傩角百态》灵感版

2. 傩面具图案的设计演变过程

傩面具，例如开山面具纹饰中的火焰形象具有驱灾祈福、普施光明的艺术象征，可以对其进行变形。简化面具内部结构，将三维视图转化为二维视图，保留基本轮廓，线条保持顺滑，图案与图案之间存在间隙又保持联系，夸大耳饰，强化巨嘴的特点，增加螺旋纹，表现动态感，将胡须拟人化，使其更具灵动。本系列设计通过将两种角色进行结合，构成新的个体，展现了作品中傩面具图案的设计演变过程（图4-1-14）。

图4-1-14 傩面具图案的设计演变过程图

3. 傩面具图案的色彩设计

该系列图案设计为了突出开山角色的特点，面具的色彩设计采用了南丰傩面具中的两个重要的色彩搭配特征，就是靛蓝色加赭红色，其余细节部分则采用绿色和黄色与之协调（图4-1-15）。

图4-1-15 傩面具图案的色彩设计过程图

4. 服饰创新设计应用

在《傩角百态》系列服饰虚拟展示中，将具有地域特色的傩戏中的傩面具纹样进行设计创新，并大胆运用到现代服饰中，凸显了服饰特色，寓意身体健康，生活幸福（图4-1-16）。

图4-1-16 作品《傩角百态》（作者：董文丽）

第二节 适合图案组织形式及其服饰创新应用

适合图案是具有一定外形限制的纹样，图案素材经过加工变化后，组织在一定的轮廓线内。适合图案一般将素材限制在图形（如圆形、半圆形、正方形、长方形、三角形、多边形、心形等）中进行变化处理，当这些外形去掉时，纹样仍保留其特点。如图4-2-1所示，适合图案设计中保留了荷花的特点。

图4-2-1 荷花适合图案

一　适合图案组织形式

根据其组织形式，适合图案可分为形体适合图案、角隅适合图案、边缘适合图案三种形式。

（一）形体适合图案

1. 根据外形分类

适合图案可归纳为几何形、自然形和人造形三种形式。常见的几何形有方形、圆形、三角形、多边形等（图4-2-2、图4-2-3）。自然形有花形、海棠形、桃形、葫芦形等（图4-2-4）。人造形有器具形、建筑形、家具形、服装形等（图4-2-5）。

图4-2-2　圆形适合图案

图4-2-3　多边形适合图案

图4-2-4　自然形适合图案（作者：闵梦云）

图4-2-5　人造形适合图案（作者：魏小静）

2. 根据内部布局分类

适合图案在内部布局上，主要有放射式、旋转式、均衡式等。

放射式适合图案是从中心向外排列，主要有离心式（图4-2-6）、向心式（图4-2-7）、结合式（图4-2-8）等。根据空间布局，在放射式适合图案的设计中，可以应用各种图形分割画面，以各种图案填充并使其在色彩方面有所变化与对比。中国传统图案在结构上较多选用适形造型的方法，可以自由地填充各种空间，如以花朵填充四角，构成变化。

旋转式适合图案是从中心开始顺时针或者逆时针运转，这样才能慢慢地勾勒出它的样子（图4-2-9）。

均衡式适合图案单纯明确、优美完整，但要注意空间分隔得体及整体的平衡感（图4-2-10）。

图4-2-6 离心式适合图案（作者：邹雪婷）

图4-2-7 向心式适合图案

图4-2-8 结合式适合图案

图4-2-9 旋转式适合图案

图4-2-10 均衡式适合图案

（二）角隅适合图案

角隅适合图案也叫"角花"，是指与角的形状相适合，受到等边或不等边的角形限制的装饰图案，它的形象常安置在90°左右的角内，可用于一角、对角或多角装饰上。除内部图案要随角形而变化外，角尖端外形亦可作变化，广泛用于门窗、方巾、桌布、床单、地毯、服装及各种角形器物上。作为适合于边角的图案，要求两边及夹角要严密适合，可依中轴线作对称式，也可作不对称的均衡式。

1. 对称式角隅适合图案

在90°的夹角中，将图案一分为二，两边对称，角隅适合图案中多为左右对称，具有平稳、庄重大方的特点（图4-2-11）。

图4-2-11 对称式角隅适合图案

2. 均衡式角隅适合图案

均衡式角隅适合图案以整个图案的重心为布局依据，在使图案重心保持平衡的前提下，可以任意构图（图4-2-12）。

图4-2-12　均衡式角隅适合图案

角隅适合图案经常装饰的部位，有仅装饰一角、装饰对角或装饰四角等。当装饰对角时，图案可相同或不同，也可一大一小分布（图4-2-13）。

在纺织品工艺制作上，由于所装饰器物造型的方、圆、长、短不一，设计者需要将图案与这些外形相适应（图4-2-14）。

图4-2-13　角隅适合图案

图4-2-14　纺织品角隅适合图案

（三）边缘适合图案

边缘适合图案是指受一定外形的周边所制约的边框图案，广泛用于陶瓷、服饰品、包装盒及各种器物的周边（图4-2-15）。边缘适合图案与形体的周边相适应，也受形体的影响。可以是一个单位图案单独出现，也可以是单位图案的有限重复或首尾相接，在通常情况下是用来衬托中心图案或配合角隅图案（图4-2-16）。

图4-2-15 瓷器边缘适合图案

图4-2-16 边缘适合图案

二、适合图案组织形式服饰创新应用

适合图案的应用范围很广，在我们生活中随处可见，具有严谨的艺术特点，外形完整，内部结构与外形巧妙结合，要求图案的变化既能体现物象的特征，又要穿插自然，形成独立的装饰美。适合图案常独立应用于服饰上，常用于前胸、肩部、背部、腰部、裙摆等。如图4-2-17所示，团花是中国传统图案中非常典型的适合图案，常作为服饰上的装饰图案。如图4-2-18所示，从客家童帽元素中提取图案，进行图案组织形式创新变化及其服饰应用。

图4-2-17　团花适合图案服饰应用

图4-2-18　客家童帽图案服饰应用

三　适合图案创新应用项目实践

（一）项目实践目的

通过对适合图案组织形式的理解，掌握适合图案的服饰设计创新表现方法。

（二）项目实践内容

本系列作品将明代服饰与传统鹤纹相结合完成项目实践。实践要求从灵感收集到图案设计、服饰效果图、虚拟服装实践等，进行适合图案的设计及其服饰创新应用。

（三）项目实践步骤

1. 灵感来源

鹤纹作为具有浓郁中国传统特色的吉祥图案，融入生活器具、服饰、建筑等各类载体中，成为中国传统文化的一个典型符号，表达了中国人民的审美喜好和对吉祥的追求（图4-2-19）。

2. 鹤形态结构特征提取

本系列作品通过提取鹤的形态特征，并选取了有飞翔姿态与舞动姿态的鹤进行写生描绘。在鹤纹的

图4-2-19 《鹤》主题灵感版

设计过程中，首先将鹤的大致轮廓描绘出来，进行调整，并保证鹤的形态的舒展，其中轮廓的提取不仅会影响最终鹤纹呈现的效果，还会影响鹤纹的生动性。然后进行图案的细化，绘出鹤飘逸的羽毛、灵动的翅膀与纤细的身躯，并用点、线、面进行最后的细化（图4-2-20、图4-2-21）。

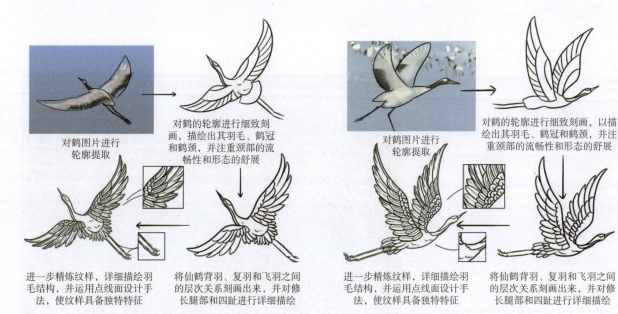

对鹤图片进行轮廓提取

对鹤的轮廓进行细致刻画，描绘出其羽毛、鹤冠和鹤颈，并注重颈部的流畅性和形态的舒展

进一步精炼纹样，详细描绘羽毛结构，并运用点线面设计手法，使纹样具备独特特征

将仙鹤背羽、复羽和飞羽之间的层次关系刻画出来，并对修长腿部和四趾进行详细描绘

图4-2-20 鹤纹的设计（1）

对鹤图片进行轮廓提取

对鹤的轮廓进行细致刻画，以描绘出其羽毛、鹤冠和鹤颈，并注重颈部的流畅性和形态的舒展

进一步精炼纹样，详细描绘羽毛结构，并运用点线面设计手法，使纹样具备独特特征

将仙鹤背羽、复羽和飞羽之间的层次关系刻画出来，并对修长腿部和四趾进行详细描绘

图4-2-21 鹤纹的设计（2）

3. 设计转化

在图案上，以仙鹤图案作为设计元素，化繁为简，改变仙鹤图案的内部元素，保留其线条轮廓，并以仙鹤为主进行设计。参考传统图案的形式，研究鹤纹样与其他图案的结合而形成的美好寓意，在图案上以鹤纹为主题，描绘鹤飞翔时的美好姿态，并以山纹、云纹点缀，形成自然和谐的美好景象（图4-2-22）。

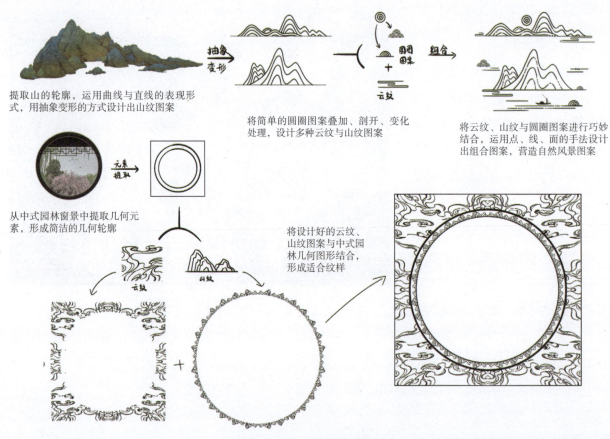

提取山的轮廓，运用曲线与直线的表现形式，用抽象变形的方式设计出山纹图案

将简单的圆圈图案叠加、剖开、变化处理，设计多种云纹与山纹图案

将云纹、山纹与圆圈图案进行巧妙结合，运用点、线、面的手法设计出组合图案，营造自然风景图案

从中式园林窗景中提取几何元素，形成简洁的几何轮廓

将设计好的云纹、山纹图案与中式园林几何图形结合，形成适合纹样

图4-2-22 鹤纹的设计流程图

图案由前中后三个层次构成，图案主体——鹤纹，两只相对飞翔的仙鹤造型象征着积极向上、追求美好的寓意。中心由祥云纹和山纹主要构成，结合中式园林圆窗，组成自然的景象。背景由山纹和云纹组成，同样代表中式美学。整体图案由点、线、面组成，运用了平面构成的手法，配色采用黑金色调，低调沉稳，图案多样，寓意丰富（图4-2-23）。

4. 服饰创新设计应用

通过将设计好的图案转印在布料上，将明代服饰的元素（如褙子、比甲、云肩等）运用于现代服饰上，打造具有现代风格的系列服饰（图4-2-24）。

图4-2-23 《鹤》主题适合图案设计稿

图4-2-24　《鹤》系列服饰设计效果图

　　通过将鹤纹与明代服饰结合，进行虚拟服装设计，将传统鹤纹进行创新设计，形成独具特色的图案，新旧结合展现中华传统文化的魅力，弘扬中华优秀传统文化（图4-2-25）。

图4-2-25　作品《鹤》（作者：裴晓宣）

第三节　二方连续图案组织形式及其服饰创新应用

连续图案是根据条理与反复的组织规律，将单位纹样作重复排列，构成无限循环的图案。也就是以一个或几个基本单位纹样上下或左右持续地排列构图，并无限延长和扩大。其中，二方连续图案的特点是具有秩序感、节奏感，有很强的条理性和连续性。

二方连续图案是以一个或几个单位纹样，在两条平行线之间的带状形平面上，作有规律的排列，并以向上下或左右两个方向无限连续循环所形成的带状形纹样。二方连续图案广泛用于建筑、书籍装帧、包装袋、服饰边缘、装饰间隔等。

一　二方连续图案组织形式

（一）散点式

由一个或多个完整而独立的单位图案，依次等距离进行分散式的点状排列，以散点的形式分布开来，中间没有明显的连接物或连接线（图4-3-1）。

图4-3-1　散点式

（二）直立式

有明确的方向性，可垂直向上或向下，也可以上下交替。可以用两三个大小、繁简有别的单独图案组成单位图案，产生一定的节奏感和韵律感，装饰效果会更生动（图4-3-2）。

图4-3-2　直立式

（三）倾斜式

以某角度的倾斜线做骨架的构成形式。其变化的方向可以向左，可以向右，还可以相互交叉，有并列、穿插等形式（图4-3-3）。

图4-3-3 倾斜式（作者：黄慧娟）

（四）波浪式

单位图案之间以波浪状曲线起伏作连接，其他图案依附波浪线，有单、双线波纹和大小波纹两种，可同向排列，也可反向排列。其具有明显的向前推进的运动效果，连绵不断、柔和顺畅，节奏起伏明显，动感较强（图4-3-4）。

图4-3-4 波浪式（作者：黄慧娟）

（五）折线式

单位图案之间以折线状转折作连接，直线形成的各种折线边角明显，刚劲有力，跳动活泼（图4-3-5）。

图4-3-5 折线式

（六）一整二剖式

中心位置有一个完整形，上下或左右各有一个半剖形，以此组合为单元排列（图4-3-6）。

图4-3-6 一整二剖式

（七）一立一倒式

将两个单独图案一上一下，一个直立一个倒立，交错排列组成单位图案后进行重复连续排列（图4-3-7）。

图4-3-7 一立一倒式

（八）综合式

以上方式相互配用，巧妙结合，取长补短，可产生风格多样、变化丰富的二方连续图案（图4-3-8）。

图4-3-8 综合式

从二方连续的组织形式可以看出，二方连续的基本构成形式是线。无论是点、圆、长线、短线，最终都汇集成带状的群线。群线的组合可聚集可分散，可交叉可循环，这样才可以无限反复排列，形成带状图案。在进行二方连续图案设计时，组织结构要有节奏感、韵律感，不同题材要选用恰当的组织形式。

二 \ 二方连续图案组织形式服饰创新应用

（一）横式二方连续图案

横式二方连续图案是指呈水平方向的二方连续形式，能增加服装的安定美，产生平稳大方、娴静柔和的审美效果，同时也会引导视线向左右拉伸，产生横向拉宽之感（图4-3-9）。

图4-3-9　横式二方连续图案

（二）纵式二方连续图案

纵式二方连续图案指呈竖立方向的二方连续形式，能增加挺拔感，能引导观者视线向上下移动，从而产生高长感觉（图4-3-10）。

（三）斜式二方连续图案

斜式二方连续图案指呈倾斜方向的二方连续形式，排列能增加动感，同时起到分割作用，可以增加服装的趣味性（图4-3-11、图4-3-12）。

图4-3-10　纵式二方连续图案（作者：刘钰涵）　　图4-3-11　斜式二方连续图案（作者：张黎阳）

图4-3-12　二方连续图案礼服应用

三 \ 二方连续图案创新应用项目实践

（一）项目实践目的

通过学习二方连续图案组织形式，掌握二方连续图案的服饰设计表现方法。

（二）项目实践内容

本系列作品充分考虑二方连续图案的特征，以丹寨苗族非遗文化蓝染技艺作为主题元素进行二方连续图案的设计及其服饰应用。

（三）项目实践步骤

1．灵感来源

此项目灵感源于《诗经》中的"青青子衿""青青子佩""绿兮衣兮，绿衣黄裳"，其记载了古人如何利用草木染，烙下了专属于东方人的蓝，该项目结合贵州丹寨当地的特色文化遗产——蓝染（图4-3-13）。

图4-3-13　主题灵感版

2．图案元素提取

本系列设计的图案元素提取于苗族传统图案龙与凤的化身，在保留原始图案特色的基础上，融合当下潮流的不同审美情趣。通过二次变形，调整图案的大小、间隔和分布位置，使其顺应图案的规律和人体的运动。在图案边缘作透视效果，局部镶嵌盘金绣以层次分明，增强视觉效果，实现图案再造性，呈现出活跃的现代气息。整体图腾传达出一种万物有灵、万命同源的理念，既蕴含着大自然无穷的神奇与魅力，又符合中国传统文化的审美观念（如图4-3-14）。

图4-3-14 龙凤图案提取及设计过程

3. 服饰创新设计应用

本系列服装是以非遗蓝染手工艺为基础，将龙凤图案以白墨烫画的工艺方法融入女装设计中，在该基础上进行造型、色彩、二方连续图案等的创新设计。主要设计源于贵州黔东南丹寨苗族的非遗手工艺蓝染以及中国古代民族的传统图腾龙凤图案（图4-3-15、图4-3-16）。

图4-3-15 《丹寨·蓝染》系列服饰设计效果图

图4-3-16 作品《丹寨·蓝染》（作者：刘明月）

第四节 四方连续图案组织形式及其服饰创新应用

四方连续图案是由一个单位图案向上、下、左、右四个方向反复连续循环排列所产生的图案，可向四周无限扩展。因其具有向四面八方循环反复、连绵不断的结构组织特点，故又被称为网格图案。四方连续图案韵律统一，整体感强，设计时要注意单位图案之间连接后不能出现太大的空隙，以免影响大面积连续延伸的装饰效果。四方连续图案广泛应用在纺织面料、室内装饰材料、包装纸等中。

一、四方连续图案组织形式

按基本骨式变化，四方连续图案主要有以下三种组织形式：

（一）散点式四方连续图案

在四方连续图案组织形式中，散点式是最基本的组织形式。散点式四方连续图案是一种在单位空间内均衡地放置一个或多个主要纹样的图案。其排列方式主要有两类：一类是规则排列（图4-4-1），另一类是不规则排列（图4-4-2）。

图4-4-1 散点式四方连续图案——规则排列

图4-4-2 散点式四方连续图案——不规则排列

（二）连缀式四方连续图案

连缀式四方连续是一种单位图案之间以可见或不可见的线条、块面连接在一起，产生很强烈的连绵不断、穿插排列的四方连续图案，常见的有阶梯连缀式、波形连缀式、几何连缀式等。

1. 阶梯连缀式

阶梯连缀式是单位图案中的主纹样沿斜线方向反复出现，又称阶梯错接式或移位排列式（图4-4-3）。

图4-4-3　阶梯连缀式四方连续图案

2. 波形连缀式

波形连缀式是以波浪状的曲线为基础构造的连续性骨架，使图案显得流畅柔和、典雅圆润。如缠枝纹就是先确定主花位，然后定枝干走向，确保相连，再安排主要图案（图4-4-4）。

图4-4-4　波形连缀式四方连续图案——缠枝纹

3. 几何连缀式

几何连缀式是以几何形（如方形、圆形、梯形、菱形、三角形、多边形等）为基础构成的连续性骨架，若单独图案作为装饰，则显得简明有力、整齐端庄，再配以对比强烈的鲜明色彩，就更具现代感，若在骨架基础上添加一些适合图案，会丰富装饰效果，显得细腻含蓄（图4-4-5）。

图4-4-5　几何连缀式四方连续图案

（三）重叠式四方连续图案

重叠式四方连续图案是两种不同的图案重叠应用在单位图案中的一种形式。一般把这两种图案分别称为浮纹和地纹。应用时要注意以表现浮纹为主，地纹尽量简洁，以免层次不明、杂乱无章（图4-4-6、图4-4-7）。

图4-4-6　重叠式四方连续图案（1）

图4-4-7　重叠式四方连续图案（2）

二　四方连续图案组织形式服饰创新应用

　　四方连续图案的应用可以以局部四方连续图案与单色面料搭配使用，或整个款式都采用四方连续图案面料裁制等（图4-4-8~图4-4-10）。在设计服饰时要有整体观念，应注意图案位置方向的变化（图4-4-11、图4-4-12）。

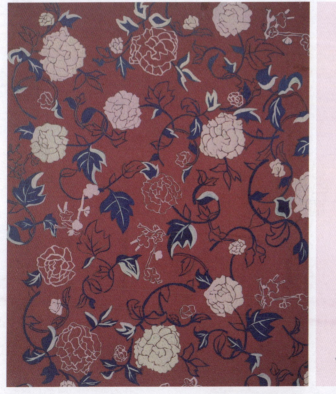

图4-4-8　四方连续图案服饰应用（1）

图4-4-9　四方连续图案服饰应用（2）

图4-4-10　四方连续图案服饰应用（3）

图4-4-11 四方连续图案服饰品应用（1）

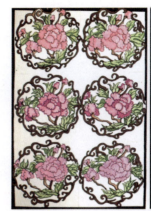

图4-4-12 四方连续图案服饰品应用（2）

三 四方连续图案创新应用项目实践

（一）项目实践目的

通过学习四方连续图案组织形式，掌握四方连续图案的服饰设计创新表现方法。

（二）项目实践内容

该系列作品充分考虑四方连续图案的特征，以《游园惊梦》为作品名称，完成项目实践。实践要求从灵感收集到图案设计、服饰效果图、虚拟服装实践等，进行四方连续图案的设计及其服饰创新应用。

（三）项目实践步骤

1. 灵感来源

本系列作品灵感源于《牡丹亭》中杜丽娘与柳梦梅的爱情故事，该剧描写了官家千金杜丽娘对梦中书生柳梦梅倾心相爱，竟伤情而死，化为魂魄寻找现实中的爱人，最后起死回生，终于与柳梦梅永结同心的故事。该故事歌颂了青年男女对自由爱情的追求和对个性解放的向往。如图4-4-13为系列主题灵感版，图案将以《牡丹亭》的爱情故事为主题进行绘制。

图4-4-13 《游园惊梦》主题灵感版

2. 图案的整体设计

图案设计先从牡丹纹和昆曲元素中提取灵感，再对牡丹纹进行故事性纹样的创新设计。绘制图案经历了草图、改稿、定稿、上色等阶段，如图4-4-14为图案绘制的过程。初稿采用竖向和"Z"字形构图，更加具有故事感。构图上，将闺塾、惊梦、冥判、拾画、回生五个场景从上到下穿插到"Z"字形的结构中。

图4-4-14 《游园惊梦》主题图案绘制过程

本系列作品中服饰图案的提取和运用采取了很多方式，如从自然界中的花草、动物等元素中提取灵感，设计出具有生机和活力的图案；也有从传统文化中汲取灵感，使设计更具有文化内涵和历史感。在实际设计过程中，注意图案提取与运用的技巧和方法，首先根据设计主题和风格确定图案的提取方向和风格，考虑图案的大小、颜色和布局，以确保图案与服装整体的协调和统一，并不断进行实践和调整，以完善图案的提取和运用（图4-4-15）。

《游园惊梦》系列母图通过分解得到了五个子图，分别为闺塾、惊梦、冥判、拾画和回生。为了能够得到更多的图案，将对五个子图分别进行元素重组（图4-4-16）。

闺塾元素重组：如图4-4-17所示，通过重组得到了两个最终的图案。A图案是先将子图中的房子、牡丹花、假山拆分出来，将其以"Z"字形排列组合，然后用Photoshop软件中的渐变映射改变颜色，最终得到了A这个四方连续图案；B图案直接将拆分的柳树、牡丹花、假山重组成了一个二方连续图案。

图4-4-15 图案母图　　　　　　　　　　　　　图4-4-16 母图分解

图4-4-17 闺塾元素重组

　　惊梦元素重组：如图4-4-18所示，通过重组得到了两个最终的图案。A图案是先将子图中的牡丹亭、牡丹花、假山、人物拆分出来，组成了四方连续图案，再进行颜色变换；B图案直接由拆分的牡丹花和惊梦子图案一起重组成了一个四方连续图案。

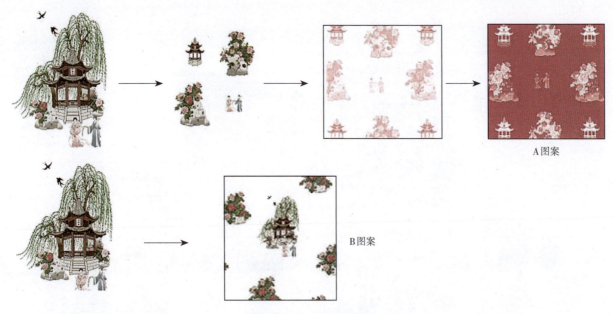

图4-4-18　惊梦元素重组

　　冥判元素重组：如图4-4-19所示，通过重组得到了两个最终的图案。A图案是先将牡丹花、假山拆分出来，和冥判子图案重新组成了四方连续图案，再进行颜色的变化；B图案直接由拆分的云纹重组成了一个二方连续图案。

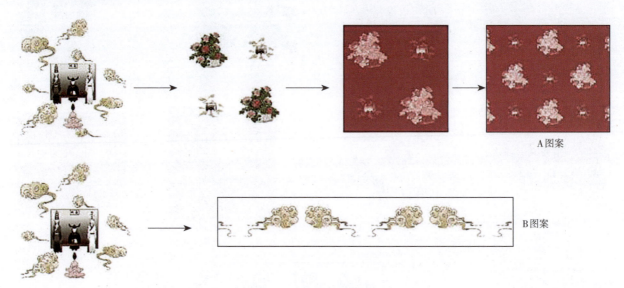

图4-4-19　冥判元素重组

　　拾画元素重组：如图4-4-20所示，重组得到了两个最终的图案。A图案是先将子图中的人物、房子拆分出来构成一个二方连续图案，再进行颜色变化；B图案直接由拆分的房子、牡丹花、假山重组成了一个四方连续图案。

　　回生元素重组：通过重组得到了两个最终的图案。A图案是先将子图中的牡丹花、假山、棺木、人物、燕子拆分出来，组成了一个四方连续图案；B图案直接由拆分的燕子、牡丹花、假山重组成了一个四方连续图案。

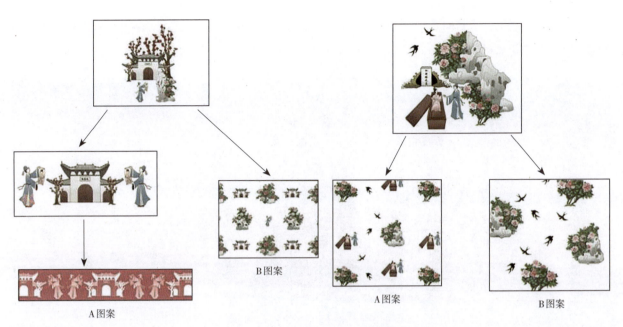

图4-4-20 拾画、回生元素重组图

3. 服饰创新设计应用

随着社会的发展和时尚潮流的不断变化，女士礼服的设计越来越注重图案的提取与运用。图案是设计师们创作的重要元素，能够传达设计师的美学观念和设计思想。本系列作品将提取出的图案融入服饰设计中，通过不同的布局和搭配，使服饰更加具有视觉冲击力和吸引力（图4-4-21）。

图4-4-21 《游园惊梦》系列服饰设计效果图

通过虚拟试衣的手法展现服饰，创新的图案既能够增强大众对传统文化的了解，又能使传统文化得到传承与创新（图4-4-22）。

图4-4-22　作品《游园惊梦》（作者：曹美）

本章小结

■　图案的构成包括图案组织形式和装饰构图两个部分。图案的组织形式除了受作者的主观感受影响外，通常还取决于装饰的对象、目的、材料、制作工艺等因素。从总体上讲，单独图案、适合图案、二方连续图案、四方连续图案的组织形式又因各自的组合形式和骨法的不同，产生出多种形式的变化。

■　将初始的单独图案变形为其他组织形式，从而生成创新设计的图案，应用在服饰图案设计中。要求设计师在创造图案时应当对图形进行适当的艺术加工，这不仅可以生成单独图案和单位图案，更重要的是结合连续图案的构成方法，可创作出几乎无限的二方连续图案和四方连续图案。

思考题

1. 结合实际图例理解服饰图案的组织形式、构成法则与构图排列。

2. 比较图案不同布局、空间关系与排版方式的特点与方法。

3. 理解服饰图案设计规格与应用的关系，并通过项目实践感知不同形式图案的要点与独特效果。

第五章
服饰图案创新设计

应用理论与训练——服饰图案创新设计

课题内容：

1. 花卉图案服饰创新设计。

2. 动物图案服饰创新设计。

3. 人物图案服饰创新设计。

4. 抽象图案服饰创新设计。

课题时间： 12课时。

教学目的： 能够合理地将图案运用到服饰中不同部位，让服饰图案具有审美价值。在服饰图案设计过程中，结合工艺技术，运用美学原理与服饰图案创新设计方法在满足加工工艺需求的前提下，体现一定的创新意识。

教学要求：

1. 使学生熟悉图案特征进行变形与设计。

2. 使学生熟练掌握图案的服饰创新设计方法。

3. 使学生能够在服饰图案设计过程中充分考虑工艺制作、流行趋势、人文社会素养等因素。

教学方式： 项目驱动、案例、小组讨论、多媒体演示。

课前准备： 课前预习教学内容，并适当实践练习。搜集不同类型服装中服饰图案的运用，阅读人文、历史、民俗类书籍。

第一节　花卉图案服饰创新设计

　　花，饱含着中华精神，是对美的诠释，故人们常常以花寓意美好事物，留下了"如花似锦""花好月圆"等溢美之词，寓意世间的美好。中国人对花的认识是深远的，爱花成为一种文化传统，因此将传统花卉图案设计融入课堂对于传承民族文化具有重要意义。

　　花卉图案设计特点在于：第一，灵活性强。花卉的结构、花型无论拆散还是组合都十分方便，对其进行各种"移花接木"式处理，如删减、添加或重新组合，花中套叶，叶中套花都可以。花卉图案的表现形式，可具体、可抽象，随意性大。第二，适应性广。花卉图案有很大适应性，无论是装饰在衣边、领角、下摆还是前胸，无论是单独装饰还是连缀铺开，花卉图案都能够胜任。装饰对象可以有便装、正规装束、男式的领带、女式的披肩等。要学习花卉图案的服饰创新设计，首先应该通过观察、写生，深入理解花卉的结构特征，然后充分思考花卉与服饰之间的关联，从服饰的造型、色彩、材质与工艺几个角度去进行创新设计表现。

一　花卉图案的特征

　　在学习花卉图案设计之前，我们应深入观察和了解花卉的结构。花卉通常由花头、花瓣、花枝和花叶四个主要部分构成（图5-1-1），在图案设计的过程中可以分别对这四个部分进行变形设计。

图5-1-1　花卉基本结构

（一）花头的造型特征

　　花头的造型是花卉图案设计的重点，千姿百态的花头形状为图案设计提供了非常多的素材。从整体结构上，花头造型可概括为盘状、碗状、杯状、球状等几个类型。盘状花头造型的花卉包括蝴蝶兰、桃花、樱花、梅花等，写生过程中应考虑盘子的造型特征（图5-1-2）；碗状花头造型的花卉比较多，包括月季、茶花、杜丹等，写生时应先突出碗状造型结构（图5-1-3）；杯状花头造型的花卉包括百合花、牵牛花、鸢尾花等，写生时应注意杯子的喇叭状造型特征（图5-1-4）；球状花头造型的花卉包括绣球、菊花等，写生时应注意球状的外轮廓造型特征（图5-1-5）。

图5-1-2　蝴蝶兰花卉写生　　　　　　　　　　　图5-1-3　月季花卉写生

图5-1-4　百合花卉写生　　　　　　　　　　　　图5-1-5　绣球花卉写生

（二）花瓣的造型特征

花瓣隶属于花头，它是构成花头造型的非常重要的一个组成部分。虽然花瓣造型变化性强，我们依然可以找到一定的规律。花瓣整体造型可分为长条形、心形、圆形、不规则形等。图5-1-6为各种花瓣白描写生，月季花的花瓣呈心形，茶花的花瓣呈圆形，樱花的花瓣有一个剪刀口，菊花的花瓣呈长条形，而牡丹花的花瓣呈不规则形。根据这样的一种规律特征，我们可以去归类写生，收集更多的花卉素材。

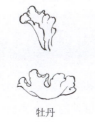

牡丹　　　　　　菊花　　　　　荷花　　　　　　　　玫瑰　　　　　　　桃花　　　　　　樱花

图5-1-6　各种花瓣白描写生

（三）花枝和花叶的特征

花枝看上去平平无奇，好像在整个花卉结构中不怎么起眼。但是花枝在造型变化过程中起到了至关重要的作用，在后期运用过程中会具体阐述。

花叶在整个花卉设计中起辅助花头的作用，但它的造型非常重要，有时也会成为整体画面的主角。花叶从生长形式上可分为互生叶（图5-1-7）、对生叶（图5-1-8）、轮生叶（图5-1-9）、丛生叶（图5-1-10）等。

图5-1-7　互生叶　　　　　　　　　　　　　　　　图5-1-8　对生叶

图5-1-9 轮生叶　　　　　　　　　　　　　图5-1-10 丛生叶

二 \ 花卉服饰图案的创新设计

（一）花卉服饰图案的造型设计

花卉服饰图案的造型创新设计有以下几个特点：

1. 具象变形、平面写实

花卉图案运用于服饰中，传统手法常常是先进行变形处理，再结合装饰物整体设计。尤其是中国传统服装，大多是先将花卉图案变形，再结合刺绣等工艺运用于服饰中。如图5-1-11所示，服装来自中国丝绸博物馆的一件清代女子黑绸地彩绣花卉蝴蝶纹褂襕，服装中以抢针、套针等刺绣技法彩绣盛开的兰花、牡丹和桃花，花卉间彩蝶来回飞舞，给人以一派生机勃勃的繁华世界感觉。整件服饰上花卉图案均采用具象变形、平面写实的方式。

2. 添加与重复组合

把不同形象的花卉组合在同一主题图案空间，从设计主题出发进行各种花卉的添加组合。重复也是二方连续、四方连续图案中常见的组织方式，通过不同的组合体现虚实、对应、调和、穿插等不同状态。如图5-1-12所示，两款丝巾图案将不同的植物、家具、动物的图案进行组合，创造了一个新的空间画面，这种超时空的组合往往给人们带来新意。

图5-1-11 清代黑绸地彩绣花卉蝴蝶纹褂襕

图5-1-12　万事利丝绸文化有限公司丝巾设计

3. 立体构思、抽象综合

中国传统的花卉图案构图形式从简单的几何结构逐渐演变出一些S形、圆形、方形构图，例如缠枝纹、团花纹、龟背纹等，都具有独特的民族特色。这类传统花卉图案构图整体来说符合中国满花紧凑的特点，大多属于平面、具象的表现形式。现代花卉图案的构图形式更加灵活创新，结合工艺制作将平面、具象构图转向立体、抽象的构图创新设计。如图5-1-13所示，根据花卉自身的特征，采用喷墨、喷溅、概念化的方式来进行花卉的立体造型设计，具有一定的创新设计效果。如图5-1-14所示，结合手工艺将花卉进行立体或者2.5维半立体构图设计，给人以浮雕的设计感觉。这些改良和创新可以给花卉图案设计带来一个新的视角。

图5-1-13　抽象涂鸦花卉设计

图5-1-14　立体花卉设计

（二）花卉服饰图案的色彩设计

在进行花卉图案的色彩设计时，主要是根据当下色彩流行趋势进行的色彩方案设计，为花卉色彩提供多样的色彩主题。如图5-1-15所示，设计者把流行元素和植物图案通过色彩组合在一起，并做了这个色彩方案设计，将其中一种运用于服装设计效果图中。

设计灵感：源于超现实自然主义的都市边缘，选用当时的流行趋势色彩，结合军旅题材，期间融入复古风，追求粗犷与细腻的完美融合，体现简约、自然、复古、怀旧、平淡的风格。

作品主题与灵感来源

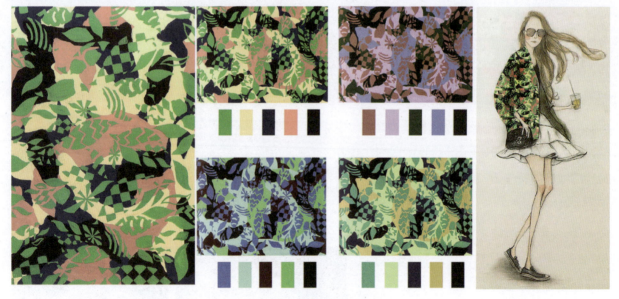

图案设计与服饰应用

图5-1-15 作品 *About Future*（作者：侯凌飞）

花卉图案色彩设计除了在服饰中有所体现，在家纺产品中也有体现，设计时可以将流行趋势和主题体现出来。如图5-1-16所示，根据2024年春夏流行趋势，设计者选择淡紫色配色方案，结合《陌上花开》的设计主题，设计了一组家纺产品。这种结合流行趋势的色彩设计，经常被运用于图案设计中，较好地获得创意设计的来源。

设计灵感：宋代诗人郑思肖的《寒菊》中有："花开不并百花丛，独立疏篱趣味穷。"

作品主题与灵感来源

图案设计与家纺产品应用

图5-1-16　作品《陌上花开》（作者：许火平）

（三）花卉服饰图案的材质和工艺设计

1. 服装面料本身的花卉图案设计

花卉图案可以应用到各种各样的面料上，除了常规的丝、麻、棉、涤纶、莱卡、腈纶等纤维面料，还可以选择具有花卉图案的蕾丝面料等。此外，也可以采用特殊工艺，如扎染、蜡染等。如图5-1-17所示，扎染工艺可以通过手工艺二次加工，在原有面料上添加花卉图案。

图5-1-17　扎染面料工艺

2. 附着在面料之上再加工而成的花卉图案设计

现代面料再加工工艺创新方式有很多，如半浮雕、法式绣、毛线绣、缎带绣等。面料再加工花卉图案设计可以使服饰具有创新性，制作方法既可以适应现代机械化生产现状，也可以提高现代时尚服装艺术效果。如图5-1-18所示，面料再加工工艺为其带来了新颖的服饰视角。

图5-1-18　面料再加工工艺

三 花卉图案创新设计项目实践

（一）项目实践目的

项目实践的目的是理解花卉图案创新设计的基本概念，结合服装工艺特征和虚拟数字化软件辅助，完成从花卉图案设计到整体服饰设计过程的实践。

（二）项目实践内容

充分考虑花卉的特征，自拟主题完成实践。实践要求从灵感收集到写生、变形、色彩搭配、服装效果图、工艺等，进行完整的花卉图案服装创新设计，可结合虚拟数字化软件来达到实践目的。

（三）项目实践步骤

1. 寻找灵感

命名为《花间邂逅》的项目案例，灵感源于"芙罗拉"罗马神话里的花神。作为被崇拜的司花女神，在古罗马神话里，她象征着智慧、美、青春和爱情，是女性祥和、青春、健康、性感、美好的代名词。罗马神话故事中芙罗拉的鲜明特点是以玫瑰花为装饰，本次实践项目将玫瑰花作为花卉设计元素，赋予服装故事性和独特性，把神话故事借助服装变为可视化实践项目。

2. 采集与重构

如图5-1-19所示，通过花卉采集变形发现，玫瑰花的花瓣造型具有层层堆叠的特征，该特征结合服饰工艺可假想为服装款式上层层堆叠的装饰片。服装款式结构设计中模仿玫瑰花瓣层层堆叠的状态，使服装更有层次感。色彩和具体花卉型模拟厄瓜多尔星空蓝色玫瑰，用喷漆工艺对玫瑰花瓣上的星星点点进行工艺可行性尝试，最后确定以喷绘手法完成抽象的玫瑰图形设计，并形成系列服装效果图。

3. 花卉小样制作

将喷绘工艺运用在各套服装外套上，为了达到让玫瑰花有生长绽放的效果，在服装靠近边缘处增加白色纹理设计，使之更加立体化。然后，运用虚拟软件对玫瑰花具象形象进行虚拟制作，如图5-1-20所示，该步骤为虚拟花卉制作，其与实物花卉制作存在一定的差异：实物花卉制作需要进行烫花处理；虚拟花卉制作需要对制作花朵的板片进行缝合渲染，利用虚拟板片造花。

4. 虚拟成衣实践

运用虚拟软件完成整体设计过程，先根据所设计的款式及规格尺寸，在富怡CAD软件中进行平面制板，再将平面制板图进行裁片提取，导出板片为虚拟试衣制作做好准备工作。在虚拟服装缝制的过程中验证板片的合理性以及还原性，利用虚拟技术解决复杂板型实践问题，完成整体服装设计与制作（图5-1-21、图5-1-22）。

5. 虚拟成衣动态视频走秀展示

根据花卉主题特征进行舞台设计和搭建，包括音乐的选择、灯光的效果等，最终实现花卉创意服装设计的整体过程（图5-1-23）。

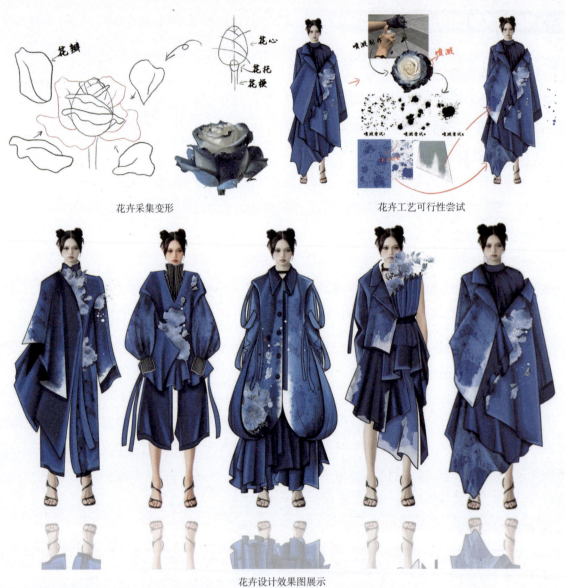

花卉采集变形

花卉工艺可行性尝试

花卉设计效果图展示

图5-1-19 花卉图案采集和重构过程

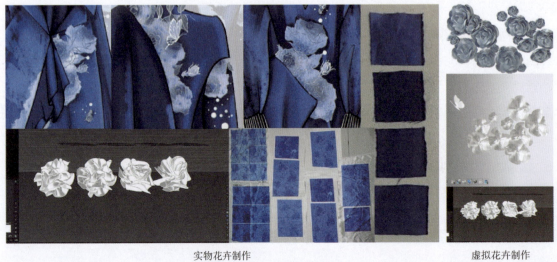

实物花卉制作

虚拟花卉制作

图5-1-20 花卉小样制作

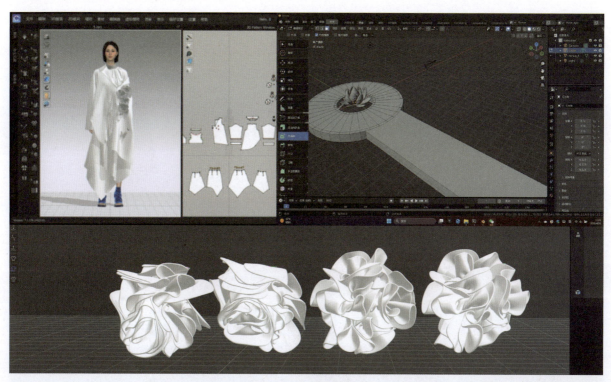

图5-1-21　虚拟成衣实践

图5-1-22　虚拟成衣效果

图5-1-23 虚拟成衣舞台效果 作品《花间邂逅》（作者：刘佳）

第二节 动物图案服饰创新设计

动物服饰图案历史悠久，它不同于普通的吉祥图案。动物图案体现了人类最初对于自然界的认知而获得的审美。动物图案源于人们对于动物的情感诉求，是人们对现实的幻想、追求，人们甚至把难以实现的愿望寄托在动物图案中。服饰中的动物图案，不仅仅作为审美装饰出现，还被赋予了身份、地位的时代缩影。因此，服饰中动物图案的审美价值以及文化内涵承载着丰富的人文信仰，有着鲜明深厚的民族文化价值。

一 \ 动物图案的特征

（一）动物图案的写生

写生是收集动物图案素材的主要途径，通过写生可以充分理解各类动物的解剖结构及动态规律，进行大量的动物速写，有利于掌握动物的形态特征，对后期变形设计有很大的帮助。动物图案的写生应注意以下几点：

1. 动静结合

动物并不会像其他元素一样静止不动。因此，当动物休息静止时，写生者要快速勾勒出它们的形体特征、局部结构和皮毛纹理，此时不必追求画面的完整性。当动物运动时，着重表现它们的动态特点，要整体观察，画得概括、简洁、夸张。

2. 观察比较

有些动物外形上很相似，要区分这类动物则需要进行比较，在共同之中比较其不同点，如鸡、鸭、鹅的不同点主要在于头颈部；猫、虎、豹的不同点在于形体的大小及体态等（图5-2-1）。

3. 记忆默写

动物的许多优美动态是转瞬即逝的，很难一下子把它们画下来，这就需要记忆与默写。当然，还可以借助摄影资料去观察、了解动物，记录它们的生动姿态，并把它们默写表现出来。

（二）动物图案的变形

动物图案的变化与花卉图案一样，要求概括、夸张、平面化、秩序化、变更比例、减少透视以及写意与抽象相结合等。但由于动物自身的特点，在图案变化上又有其独特的方法。

1. 形象归类

动物虽然种类繁多形象复杂，但可以归纳成不同类别，每一类别的动物有相似的形体结构，如飞禽类动物均为卵生动物，这类动物外形就可以归类在椭圆形的造型中（图5-2-2）。

2. 动态变形

动物的美往往体现在它们多姿多彩的动态上，动物的动态表现是一个很重要的环节。不同类别的动物有不同的动态，需要抓住动物最为合适的表现姿态进行变形设计（图5-2-3）。

3. 表现角度

动物图案的表现角度多采用正侧面或正面，这两个角度透视变化最小，易于完整地表现动物的外形特征，适合作平面化装饰处理。采用不同角度的观察，会发现动物形态的变化，为变形设计带来无穷的趣味性（图5-2-4）。

图5-2-1 猫、虎、豹白描图

图5-2-2 飞禽类变形

图5-2-3 羊的姿态

图5-2-4　不同角度变形设计

二 \ 动物服饰图案的创新设计

（一）动物服饰图案的造型设计

动物图案的造型在服饰运用中构成了整体设计的形态特征。动物造型相对于动物色彩来说，更加稳定，不会受到外环境诸如光线的影响。因此，在动物图案服饰创新设计中，造型设计相对来说比较稳定。

1. 具象归纳造型设计

具象归纳的造型设计方法主要指运用动物图案的组织形式，将传统图案中可参考的元素，经过概括、分析，整理出该图案最具特征的设计点，结合重复、反转、拼接等变形手法，形成与原有传统风格相似，但又具备现代审美理念的图案变形手法。

如图5-2-5所示，该系列服装本身的造型并不过于夸张，整体造型非常具象写实。设计的重点在于设计师将鸳鸯这个动物造型用戏剧化卡通的形式展示于服饰中，充分利用服饰中分隔线条和工艺手法，将动物造型和生存环境结合运用。服装的色彩以粉色、白色、黑色为主色调，黄色、蓝色为辅助色彩进行点缀，更好地烘托出整体系列的独特风格。

如图5-2-6所示，设计师以北极熊和南极企鹅作为动物图形的来源。主体色调为白色和蓝色，让观者仿佛置身于地球的南极或是北极。白衣中白色的北极熊赫然出现在胸前，样子憨态可掬。服装底摆蓝色的冰面上几只南极企鹅在嬉戏，整体服装营造趣味性。可以看出设计者对两种动物习性和生活环境提前进行了深入研究。

图5-2-5　作品《戏水鸳鸯》（作者：宋晓敏）

图5-2-6　作品 *Wake Up*（作者：陈洁）

2. 解构与重组造型设计

解构的含义是将图案进行分解、剖析。在动物图案的设计过程中，可以借助动物图案的形式、结构元素分解剖析其内部各要素之间的关联，再将原本不相关的元素打散、重组成新的结构体。经过解构重组后形成的动物形象不仅在视觉上更具冲击力，也能重新演变成一个新的结构体。互相组合的图案元素必须具备一定程度的相似性和逻辑性，使图案在造型独特的基础上仍然具备一定的合理性。在解构重组过程中，还可以利用动物图案之间的相似性，将两种或两种以上的动物形象进行混搭，形成一个全新的图案造型。如图5-2-7所示，从明清时期官服补子上提取仙鹤、海水江崖等元素，打散重组成为新的图案组织形式，再运用于3套男子汉服创新设计中。

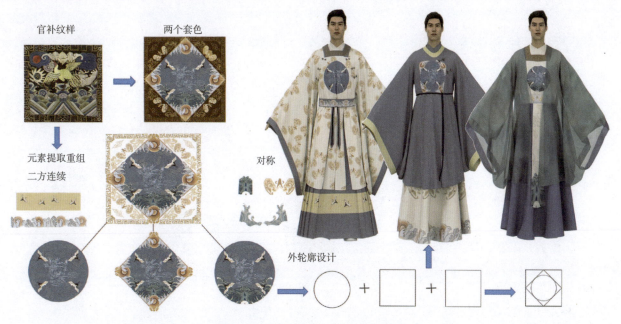

图5-2-7 作品《明镜台》（作者：袁稀）

（二）动物服饰图案的色彩设计

1. 传统色的色彩设计

中国传统五色为黑、白、红、黄、蓝五种色彩。高饱和度、强对比的色彩搭配方式在传统动物图案配色中极为常见。时至今日，为了更好地适应现代穿衣习惯和审美理念，在传统色彩搭配的对比中要注重用色比例的关系。如图5-2-8所示，结合服装的整体配色，选定五色中的一种作为基本色调，在基本色调这一色彩区间内利用明暗和冷暖色调上进行套色变换，从而达到协调且重点突出的服饰图案效果。

图5-2-8 作品《放空》（作者：赵文华）

2. 自然色的色彩设计

动物图案本身的色彩就是源自生态环境的自然色，皮毛色彩与自身的特征、身体结构以及赖以生存的环境相协调。如图5-2-9所示，整体的环境色结合了大自然色彩，动物的生活场景色与动物图案本身的色彩显得极为融洽。在进行整体图案设计中，自然色只需要简单地与常用色进行组合，适当注意面积位置之间的关系，即可以达到协调、自然的色彩效果。

图5-2-9 作品《觅》（作者：朱毅容）

（三）动物服饰图案的材质和工艺设计

很多图案处理方式非常接近，在上一节花卉中提到的一些工艺手法同样可以适用于动物图案服饰创新设计中。除此之外，还有两种手法对动物图案的设计也十分有效，这就是改变面料状态的再造设计和添加装饰技巧创新设计。

1. 改变面料状态的再造设计

在传统面料的基础上进行面料再造是目前很多创新服装设计为达到效果而使用的方式。这种方式是在原有的面料基础之上，通过再加工改变其视觉肌理和触觉肌理的特点。具体的做法有将原有面料进行破坏、变形、磨损、镂空、抽丝、燃烧等。操作时必须结合图案的设计以及服饰特征来进行，不然会打破面料本身，没有取得新的效果，失去再造的意义。

如图5-2-10所示，运用中国传统吉祥图案中"年年有余""龙凤呈祥"等来进行现代服装创意设计。图案以电脑雕刻的方式进行镂空工艺处理，模拟了中国传统剪纸手工艺的手法。图案暗浮于服装表面，既体现了工艺特点，又清楚表达了图案概念。

2. 添加装饰技巧创新设计

丰富的动物图案形式需要添加适当的装饰工艺技巧作为依托。工艺技法中的拼接、刺绣、钉珠、烫钻、缝缉线、手绘、扎染等各有所长，是表现动物图案服饰创意设计的重要手段。如图5-2-11

所示，设计作品以南昌汉代海昏侯遗址博物馆出土的马当卢作为图案研究背景。凤鸟、白虎、蛟龙、日月星辉等图案均有引领墓主人升仙的吉祥寓意。设计者将各种元素提取出来并重新组合成圆形适合图案。为了更直观清晰地展现创新图案的神韵表达，设计者对图案在面料上的处理采用了烫画工艺。该装饰工艺颜色鲜艳、弹性好、耐拉伸、水洗效果好、适应性强、擅长表达图案的精细及渐变效果。

图5-2-10　作品《吉祥》（作者：赵洋）

图5-2-11　作品《错金》（作者：岳飞宇）

三 　动物图案创新设计项目实践

（一）项目实践目的

从动物图案的特征和服饰创新手法出发，结合虚拟数字化软件辅助，进行整体的动物图案创新设计。可以从中国传统文化中动物纹样寻找灵感，图案元素提取后，采用现代手法运用于服饰设计产品中。

（二）项目实践内容

充分考虑动物的特征，自拟主题完成实践。实践过程中需要深入调研动物形象的演变过程，从提取图案元素到重新组合构成再到创新纹样设计，最后运用虚拟软件实现服饰产品实践。

（三）项目实践步骤

1. 寻找灵感

如图5-2-12所示，以《椒图轻叩》为作品名称进行图案造型创新设计，灵感源于中国古代门饰文化中的兽面门环。兽面门环还有个名字叫"椒图"，是龙生九子之一。相传它好困、性好静、警觉性高、善于严把门户，世人用之为铺首衔环（也就是门环的俗称）。

图5-2-12　灵感来源

2. 图案设计

如图5-2-13所示，椒图造型的主要特点包括头部一圈旋涡状的鬃毛、凸目圆眼、牛鼻鹿角、獠牙衔环、火焰眉等。图案设计通过对门环上椒图图案的元素提取和变形，解构重组设计出四个憨态可掬的椒图创新图案。

如图5-2-14所示，四个创新图案设计特征以下逐一描述。

图一设计特征：整体造型设计接近原型，鹿角、牛鼻、牛眼、獠牙衔环几个重要局部形象保留了原有

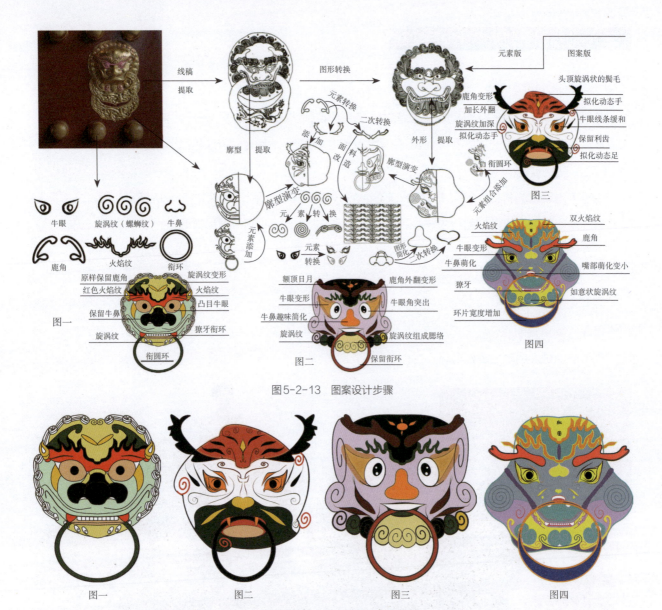

图5-2-13 图案设计步骤

图5-2-14 四个创新图案设计

模样。主色调采用了荧光浅绿，搭配红色火焰纹和黄色下颌，保留原有色彩搭配特征。

图二设计特征：整体造型设计鹿角外翻，突出下颌、腮部、旋涡等纹样，头顶日月保留火焰纹和衔环部分，弱化獠牙形象，眼部加强了晕染，两侧的旋涡纹一大一小代表了耳听四方的高警觉性。色彩设计上主色采用浅紫色，辅色采用了黄色、黑色、橙色，从色彩中改变了原有椒图图案的传统色搭配方式。

图三设计特征：螺狮纹状的旋涡拟化成具有动态感的行为动作，保留了獠牙和衔环的部分，鹿角缩进打破原有形态的刻板特征，整体萌化成一种憨态可掬的椒图形象。

图四设计特征：造型设计采用双火焰纹，凸目圆眼变得缓和生动，底部如意状的旋涡纹为卷曲鬃毛，拟化成站立的脚。色彩设计整体采用的蓝色系色彩，辅助色有紫色、黄色、黑色，配色重点突出整体图案设计的可爱感。

3. 面料设计

通过对椒图图案元素保留和创新解构重组，结合时下面料趋势中"丛林热"主题，提炼树叶的纹理与其组合成为面料设计。如图5-2-15所示，设计中采用热带丛林中必不可少的热带植物元素并添加了椒图原形元素。整体色彩饱和度较高，冷暖色对比，采用疏密结合的满版排列方法。紧密、堆积的植物排列顺序有前有后，层次感分明。局部的面料拼接会用到黑白鹿角元素，以四方连续的构图作为局部的装饰。

图5-2-15　面料设计小样

4. 虚拟成衣制作过程

虚拟成衣制作时选用Clo3d虚拟软件进行制作，通过虚拟成衣制作，可以清楚地了解结构的问题，从而快速地对板型、尺寸等进行调整和修改，使虚拟成衣效果符合效果图。如图5-2-16所示，虚拟成衣运用虚拟软件裁片、图案定板、工艺缝合、模特渲染等，最后成型的成衣效果接近于实物成衣制作，但虚拟数字化节约了时间和成本。

图5-2-16　虚拟成衣效果展示　作品《椒图轻扣》（作者：刘文英）

第三节　人物图案服饰创新设计

人物图案设计是以人为主要表现对象的设计形式。人物具有自我美化、自我创造、自我表现的特征，也受到社会从属关系的影响。由此可以推想，以人为主题的图案设计内容丰富。中国传统人物服饰图案种类繁多，这一点在壁画、雕像中可见，其中展现出的人物服饰图案多种多样。通过图案传递出穿着者的社会地位、人物身份、意愿向往等。当代人物服饰图案更是将当下的社会体现得淋漓尽致，大量服饰品牌通过人物图案设计来表达品牌定位、企业形象。

一 人物图案的特征

（一）人物的自我美化性

人自身的形体具有其独特的外形特征，人还非常善于美化自我，通过改变发型、服装、配饰等，转换成不同的形象。如图5-3-1所示，通过不同的脸谱化设计，人物可进行自我美化。

图5-3-1　脸谱化装饰设计

（二）人物的自我创造性

人为了丰富生活、强健体魄、抒发情感，可以结合舞蹈、体育、武术、游戏等活动创作出不同的姿态，产生出极具节奏韵律感又造型生动完美的人体动态，这些为人物图案设计提供了更丰富的素材。如图5-3-2所示，通过舞蹈姿态创作的人物造型设计。

图5-3-2　插画师辛西娅·忒迪（Cynthia Tedy）系列作品

（三）人物的自我表现性

　　人善于用丰富的表情来表达自我的情绪，这一点与动物图案非常不同。动物主要是通过姿态来体现特色，但是人物图案在相同的姿态下，不同的表情可以抒发不同的内心感受。这正是人物题材的艺术表现之所以历史久远、永不衰败的原因所在。如图5-3-3所示，三宅一生将油画中女子的身体姿态与服装结构紧密结合在一起，是真人还是图案上的人，给观者留下思考的空间。

图5-3-3　三宅一生作品《泉》

二　人物服饰图案的创新设计

（一）人物面孔图案服饰创新设计

　　面孔是人物图案的标志性特征。面孔表情变化多样，能很好地体现一个人的性格、气质和心态，所以面孔图案是能代表人的特征的图案。人的长相、肤色和表情，都可以成为图案设计的创作元素。在创作过程中，要抓住对象的特征和神采，可以运用夸张和简化的方法进行再次创作。如图5-3-4所示，针对赣傩面具中"开山"人物形象，提取面孔中兽角、金眼、獠牙嘴等特色元素，结合京剧中的官帽、流苏部分，组合成为新的面孔图案，再将二次创作的图案设计运用到现代服饰设计中。

傩面具开山图案元素提取

傩面具开山图案重新组合构成

服饰创新效果图

图5-3-4 作品《不须傩》（作者：李梦瑶）

（二）人物姿态图案服饰创新设计

无论运动或者静止，人物姿态的图案设计可以体现不同的精气神特征。静如处子，动如脱兔，就是比喻人的姿态形象。人物姿态的图案设计，有的是生活场景的写照，如舞蹈、运动、竞技等；有的是单个人特定的姿态特写，是人的某个特定的个性化的动作捕捉，如拥抱、拉手等。此外，还有很多戏曲、传说故事和其他典型人物的典型动作和姿态。人物姿态的设计既可以全身像表现，也可以半身像表现。设计时要注意人的一般运动规律和人体简要结构特征，否则会有一些很别扭的动作出现。如图5-3-5所示，从名著《红楼梦》中节选出大家比较熟悉的场景，进行重构图案创新设计。重构后的图案根据服装在人体上不同部位的位置关系重新排版设计，合理化运用于服饰中，力争达到创新设计的作用。

图案元素重构

服装裁片图案排版设计

图5-3-5

图5-3-5　作品《潇湘遗梦》（作者：黄小芳）

（三）人物故事图案服饰创意设计

故事中有人物、有情节、有环境，远比单一图案好流传。无论是帛画、壁画还是名著故事，往往都会有一些大家非常熟悉的经典人物画面呈现。这些经典人物的面容、神态塑造、流派特征各有特点，比如弥勒佛笑哈哈的面容、敦煌飞天的人物姿态、影视作品经典形象等都给人留下深刻印象。在服饰图案设计中，可以借鉴这些人物故事来进行创新设计。如图5-3-6所示，作者从名著《红楼梦》中提取了四个大家非常熟悉的经典故事——湘云醉卧、黛玉葬花、宝钗扑蝶、宝琴踏雪，深入分析其中的人物与场景，结合传统绘画作品，创作了一幅完整的故事性图案设计作品，再结合清代云肩等款式，设计了一组新中式服饰创意作品。

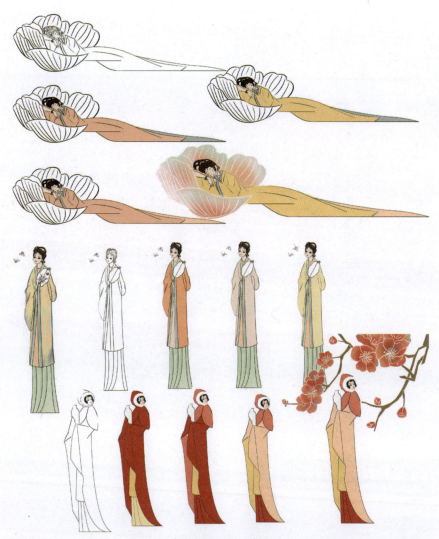

图案元素提取和创新

图案元素组合

图5-3-6

《沁芳》效果图

图5-3-6 作品《沁芳》（作者：柳文琳）

三 人物图案创新设计项目实践

（一）项目实践目的

将佛教莲花纹和人物进行结合，再结合虚拟数字化软件，完成服饰图案产品设计。

（二）项目实践内容

设计作品针对魏晋南北朝时期洪州窑和莫高窟的莲花纹和佛教文化，提取莲花和佛手两个主要图案进行再设计，重新组合人物图案并运用于服饰产品中。

（三）项目实践步骤

1. 灵感来源

以《南北通途》为题进行项目设计，灵感源于魏晋南北朝时期的莲花纹和佛手。莲花纹寓意吉祥和美好，是人们对美好生活的期许。在当时社会动荡的魏晋南北朝时期，佛手纹样代表人们被普度众生的佛教指引。本次的项目设计以此入手，将旅途上的红日、祥云、水浪等融入图案设计之中。

2. 图案解构重组设计说明

如图5-3-7所示，从莫高窟壁画上提取了佛手、莲花和吉祥物元素，图案围绕着莲花和佛手展开与融合。首先，从太阳升起的莲花含苞待放的状态开始，将佛手和莲花图案组合成"佛手莲花"，表达绽放的含义。然后，根据一个图案拓展出3~4个佛手莲花图案。最后，根据太阳升起、佛手莲花悄然绽放，创作日升云起形成江河的壁画图案，确定服饰基础图案。

敦煌壁画中人物图案、莲花图案、吉祥物图案元素的提取

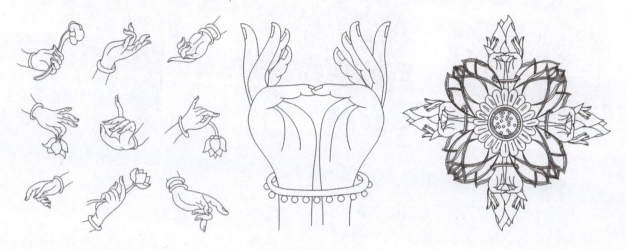

佛手莲花造型设计过程

佛手莲花的多种变化形设计

服饰基础图案的确定

图5-3-7 图案设计过程

3. 色彩设计

项目设计采用洪州窑和莫高窟两个地理环境下的特有颜色，即白色系和卡其色系。如图5-3-8所示，本项目在色彩的选择上摆脱了常规壁画色彩，选用了流行趋势中粉和绿的搭配，力争从色彩设计角度给传统图案注入新的生命力。

图5-3-8　项目色彩搭配方案设计

4. 服饰整体创新设计

根据佛手莲花图案风格，服饰款式外轮廓以H型为基础，加入中国传统的旗袍领、云肩、水袖等，服装整体造型结合了旗袍、交领大袖衫、拖地长裙、云肩和花式腰封等具有中式特色的廓型（图5-3-9）。

图5-3-9　服装效果图

5. 虚拟成衣效果

后期制作全过程利用虚拟软件技术完成从图案到结构再到工艺的全流程服装设计。在虚拟制衣阶段，对模特进行了符合主题的创新性设计和建模，使试衣模特能与服装达到较好的效果。如图5-3-10所示，运用虚拟软件Clo3d将裁片在人体上进行初步缝合，通过反复试板和调板，突出了女性人体的曲线，使服装更加得体，为成衣顺利制作提供基础，为后期工艺制作提供保障。

图5-3-10 虚拟成衣效果展示 作品《南北通途》（作者：闫怡凡）

第四节 抽象图案服饰创新设计

抽象图案是不同于动物、花卉、人物等以具体形态为素材的图案，其特点是不直接模拟客观事物的形态。抽象图案以点、线、面、形、肌理、色彩等元素为主要表现对象，是现代图案的主要类型之一。抽象图案包括几何抽象、肌理抽象、文字抽象、自由抽象等多种形式，但目前并没有严格的界限，可以根据构思采用多种抽象图案形式，也可结合具象的图案设计。本书仅举例几何抽象和文字抽象两种图案形式作为代表。

一 几何抽象图案的特征与创新设计

几何抽象图案是抽象图案中比较大的种类，包含内容比较多，也被认为是基本抽象图案。几何抽象图案就如万花筒一般，有无限变化的可能。一个简单的几何抽象图案可以不断发展延伸下去，这也是几何抽象图案的魅力所在。抽象图案风格可分为严谨的冷抽象风格和热烈的热抽象风格，此外还有比较随意的涂鸦式设计风格。

在几何抽象图案设计中，比较有代表性的是荷兰画家皮特·科内利斯·蒙德里安（Piet Cornelies Mondrian）创作的作品《红、蓝、黄构图》。皮特·科内利斯·蒙德里安是几何抽象派的先驱，认为艺术应从根本脱离自然的外在形式，以抽象的精神为目的，追求人与神统一的绝对境界。其作品以几何图形为绘画的主体，画面上只出现了红、黄、蓝、白的色块以及黑色的垂直线条，以纯粹几何的方式向我们展现他的艺术。法国时装大师伊夫·圣·罗兰（Yves Saint Laurent）开创性地将这幅《红、蓝、黄构图》为灵感，创作了著名的格子裙，黑线加上红、黄、蓝、白组成的四色方格纹，具有清新明快的色彩，简单但极富张力，在模特身上呈现出艺术与时装结合的效果，在当时被称为蒙德里安裙。如图5-4-1所示，从蒙德里安裙后，诞生了形形色色的蒙德里安延续设计作品，包括运用红、黄、蓝、白方格纹设计的水杯、手机壳、城市大楼粉刷等。人们发现这种几何抽象图案设计简洁明了，具有现代感。

图5-4-1　蒙德里安作品延展设计

（一）几何分割特征与服饰设计

几何抽象图案是抽象图案中的一种，特点是强调其自身的视觉冲击力。几何抽象图案是利用点、线、面或几何图形进行高度概括和总结的图案表达形式，给人强烈的视觉冲击性。在服饰创新设计中，很多人注意到了几何形的灵活性，将几何形与服装分割线条进行结合设计（图5-4-2）。

图5-4-2　作品Sugar（作者：罗佩佩）

（二）几何形象特征与服饰设计

几何形象在服饰中可以与面料融合为面料设计，将面料原有的条纹图案转化为几何图形，这种图案形式也叫幻变图案。幻变图案是具有某种视错或视幻效果的抽象图案。在塑造这类图案的形象时，应根据平面构成中渐变、发射、特异、重复、分割等原理，将极单纯的图形按照一定的格式进行排列。如图5-4-3所示，该作品正是通过几何形排列进行创新设计，服装的结构转折结合人体的起伏、运动，形成凹陷、隆起、错位、闪烁、流动等视觉效果，图案组合运用得当可以对人体产生扬长避短的作用。

图5-4-3　作品《包罗万象》（作者：郭梦露）

（三）几何肌理特征与服饰设计

几何肌理在服饰中主要体现为纺织肌理。纺织肌理既可以是纺织品自然的肌理，也可以模拟或处理成特殊的肌理效果。大多数服装设计师都能熟练处理各种肌理的对比和统一关系。例如设计大师三宅一生的褶皱设计，他的褶皱面料根据人体特征上下起伏，几何肌理图案具有代表性。如图5-4-4所示，设计师利用特殊面料的加工方法，达到几何肌理的效果，这种肌理效果具有偶然性，为服饰设计带来了随机性、变化性。

图5-4-4　作品《消逝》（作者：张欢）

二 文字抽象图案的特征与创新设计

文字抽象图案作为时代的发展，既反映了客观事实，又巧妙地把事物的特征，用简练的笔画刻画出来。尤其是中国的文字造型，它既是字，又是画。文字具有丰富的表现性和极大的灵活性。文字造型不是自然主义的纯客观、琐碎的描写，也不是离开对象生活特征而作主观片面的夸大。如图5-4-5象形文字，仔细观察，即使我们并不熟悉象形文字，也可猜测出文字意思，它们分别是鹿、马、虎、象、猪、牛、羊。仅仅用几根曲直线，就能把对象的特征刻画得这样生动。文字图案被运用在服饰中有较强的适应性，可以独立存在，也可以组合存在。同时，文字图案具有一定的文化指征性，具有标志作用。

鹿　　马　　虎　　象　　猪　　牛　　羊

图5-4-5　象形文字

（一）文字适应性与服饰设计

文字图案极易与其他装饰形象相结合，它的使用特点与花卉图案有很多相似之处。文字图案在服装上进行装饰的时候，可以成句使用，也可以独立存在。文字造型在运用过程中可以有文化指征性，也可以仅仅只是装饰图案。文字图案的灵活性较大，在服装中可大可小，单个文字造型出现时可以作为一个点的设计，多个文字出现时可以形成线的设计，字的数量多时甚至可以成为整个面的设计。如图5-4-6所示，文字图案出现在服装中可以形成分割线装饰。如图5-4-7所示，文字图案也可以单个字出现作为服饰的装饰点。

图5-4-6　文字成线分割设计

图5-4-7　文字成点装饰设计

（二）文字文化指征性与服饰设计

文字虽然具有强烈的灵活性，但并不能随意使用。文字具有传播文化的作用，具有鲜明的文化指征特点。所以，在进行文字运用之前，必须要知道所用文字的含义。胡乱将文字装饰在服装中，往往容易闹笑话。文字图案还有个特殊作用，就是被很多品牌作为了标志。如图5-4-8所示，服装品牌将自己的名字设计为Logo并装饰在服饰中，让大家通过文字标志牢牢地记住品牌。

图5-4-8 品牌Logo设计

三 抽象图案创新设计项目实践

（一）项目实践目的

从苗族蜡染图案中提取常见的几种固定形状，结合虚拟软件进行几何图案设计。

（二）项目实践内容

传统手工艺结合数字化技术，将蜡染几何形通过数字化处理成创新图案设计，达到服饰设计的实践目的。

（三）项目实践步骤

1. 寻找灵感

作品名称为《留白》，灵感来自苗族蜡染中的留白处理和太阳花图案。蜡染面料主要采用"蓝花白底"的设计，如图5-4-9所示，苗族蜡染太阳花图案的形态特征是圆形的，呈左右对称结构，与抽象几何图案的现代感理念接近。从蜡染面料肌理中提取层叠设计元素，形成创新蜡染面料。

图5-4-9　灵感来源图

2. 图案设计说明

苗族蜡染图案的题材大多来自当地的民族文化和大自然，总体可分为自然图案和几何图案两大类型。蜡染图案背后有不同的寓意和象征，是苗族人民从古至今沉淀下来的传统文化。苗族蜡染图案的原形多种多样，有蝴蝶、龙、铜鼓、旋涡、鱼、鸟、花草植物等。本项目实践以太阳花和蝴蝶为主要图案，进行几何排列创新设计（图5-4-10）。

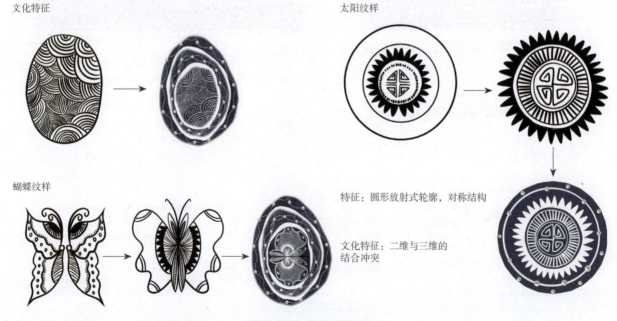

图5-4-10　图案设计过程

3. 面料设计过程

传统的苗族蜡染太阳花图案、蝴蝶纹造型简洁明了。由于蜡染工艺的偶然特征，未必能够每一次都获得满意的蜡染肌理效果。本项目图案在设计制作过程中，通过反复实验得到满意的蜡染图案，从中挑选最接近创作思路的修剪成形，再将制作好的双层蜡染面料缝合在纯色蜡染面料上以增加面料的层次感，并装饰串珠、钉珠。最后，将制作好的蜡染面料作为基本形导入虚拟软件，结合几何变化规律、款式结构特征，将其设计成蜡染创新面料（图5-4-11）。

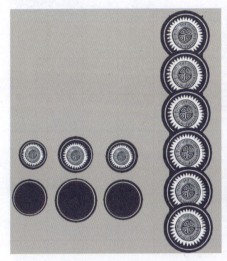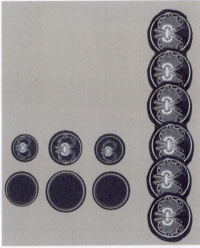

蜡染手工艺到数字化创新

蜡染图案结合款式

图5-4-11 虚拟面料制作过程

4. 服装效果图设计

结合"新中式"风格对创新蜡染面料进行款式设计，并绘制服装效果图（图5-4-12）。

5. 虚拟工艺制作

虚拟成衣制作运用Clo3d虚拟软件结合完成。在后期的修改过程中，虚拟软件的无限制修改为企业改款带来了便利。成衣制作效果如图5-4-13所示，蜡染几何图例在虚拟中运用的好处是把偶然性转化成必然性，提高图案设计效率。

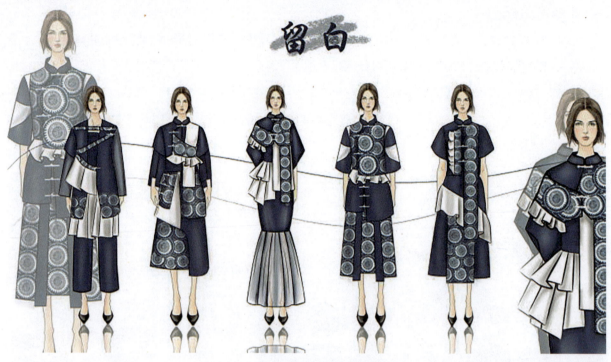

图5-4-12　效果图展示

图5-4-13　虚拟成衣效果展示　作品《留白》（作者：陈思思）

本章小结

■ 花卉和动物图案在中国传统服饰设计中占据重要作用，它们种类繁多且变化形式丰富，学习过程中可进行收集、整理和分类，为今后的创新应用建立丰富的题材库。

■ 人物图案是在动物图案的基础上延伸出的一个图案种类，生活中应善于观察，结合情感进行图案设计。

■ 在进行抽象图案的学习时，可以参考一些几何抽象派画作，注意其立体构成、新造型思维方式，力求将其简洁明了的结构与现代服饰设计理念融合。

思考题

1. 花叶的基本结构有哪些？
2. 简述动物图案的创新设计方法。
3. 任选一种中国传统图案元素，结合现代服饰设计进行一系列创新服饰设计，其中需要考虑到工艺加工问题。

第六章
服饰图案工艺创新应用

应用理论与训练——服饰图案工艺创新应用

课题内容：

1. 传统手工艺创新应用。

2. 现代化工艺创新应用。

3. 服饰图案工艺创新设计项目实践。

课题时间： 6课时。

教学目的：

1. 了解服饰图案工艺创新应用的表现形式。

2. 了解传统手工艺的现状，领会自主创新设计的重要性和必要性。

3. 结合我国优秀的传统手工艺，树立正确的艺术观和创作观。

教学要求：

1. 使学生了解服饰图案工艺创新应用技巧与表现形式。

2. 使学生熟悉传统手工艺融入现代服饰的设计方法。

3. 使学生掌握传统手工艺和现代化工艺结合的创新设计与应用。

教学方式： 案例分析、多媒体演示、启发式教学。

课前（后）准备： 根据本章学习内容收集相关资料，了解中国传统手工艺的历史背景与发展现状，并适当实践练习。

第一节 传统手工艺创新应用

传统手工艺作为中华优秀传统文化的重要组成部分，是经过长时间历史沉淀与发展逐渐演变成的一种艺术形式，其表现形式丰富多样，如手工编织工艺、拼布工艺、植物染工艺等，这些传统手工艺充分展现了我国人民的审美特点和艺术理念，对于文化传承和艺术表现具有重要意义。传统手工艺应用价值较高，通过深入挖掘并巧妙应用于现代服饰上，有利于推动现代服饰设计的创新和发展，传承和发扬中华传统文化艺术。

一 手工编织工艺创新应用

传统手工编织工艺历史悠久，其中针织工艺被广泛运用于服装设计中，可分为棒针编织和钩针编织，这两种编织方法都可以通过丰富的肌理变化，增强服饰的立体感和空间感，这与现代一些服饰发展方向相吻合。

（一）棒针编织

棒针编织是运用棒针将不同材质的纱线通过手工组合与交叉，从而形成各种手工编织物，其工具材料主要有棒针、U形针、纱线等，棒针编织的针法和技巧较多，编织时可依靠更换不同型号的棒针和不同质感的纱线，并灵活运用针法和技巧，从而改变编织物的组织形式，形成精美的作品。棒针编织图案根据服饰图案的形式可分为棒针编织平面图案和棒针编织立体图案。

棒针编织平面图案以针织工艺独特的组织形式为设计基础，使服饰中的孔眼或凹凸面自然形成图案纹理，可局部使用或大面积使用，在编织彩色图案时需提前对图案进行色块分解，标记图案大小和所织行数，再通过手工更换色纱或织绣方式做出提花效果，一般正面呈现图案，反面由于花型变化及更换纱线的原因，会出现少量浮线（图6-1-1）。

棒针编织立体图案时，主要利用针织工艺中罗纹组织、绞花组织进行创作，并通过加减针和堆叠的方式制作，形成立体式图案，具有极强的立体效果和空间感。例如瑞典针织设计师桑德拉·巴克伦德（Sandra Backlund）的设计作品在针织品牌里最为怪诞，服装极富趣味性。她通常使用粗棒针加上扭花、螺钿造型，将整件服装构成一个立体图案，造型夸张，感染力极强（图6-1-2）。除直接作为服装外，立体图案还有一种常见的形式——针织玩偶。编织玩偶的方式有很多，

图6-1-1 棒针编织平面图案

可以通过加减针、换线直接编织成型，也可以织成不同形状的织片再缝合而成。编织完成后在玩偶体内添加填充物，使其更具体积感，制成后可以附加在服饰上起到装饰作用（图6-1-3）。

图6-1-2　针织立体服装（作者：桑德拉·巴克伦德）

图6-1-3　针织立体玩偶

（二）钩针编织

钩针编织以辫子针、短针、中长针、长针等针法为主，编织时根据服饰图案效果，可将多种针法更换组合方式，并在一定规律下重复编织，从而完成一件针织服饰（图6-1-4）。钩针编织相较于棒针来说更易于掌握，在更换色彩、调整图案、塑造造型等方面都更为直观、便利，编织时不容易出现脱线、卷边等现象，具有较强的可控性。钩针编织的服饰图案题材选择较多，使用范围广泛，也可以分为平面图案和立体图案。

图6-1-4　编织过程

　　钩针编织的平面图案以镂空、孔眼的方式进行展现，针法组合较为复杂，因此在编织前需要根据图案内容绘制出意匠图并标注出使用的针法、纱线颜色和组合方式（图6-1-5），后期只需对照此图编织即可，图案不易出错（图6-1-6）。采用钩针编织图案时，成品可按一片式编织完整图案，也可以按多片式拼接为连续性图案，其优势在于每个单元图案都可以变换纱线颜色和图案款式，同时还可以直观地调整服饰造型，使钩针编织出的服饰品视觉效果更加丰富（图6-1-7）。

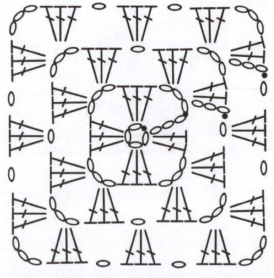

图6-1-5　编织图解

图6-1-6　彩色成品图

图6-1-7　钩针平面图案成品

　　钩针编织立体图案主要从整体造型和色彩上体现，针法组合方式丰富，塑造立体造型的手法不一。例如多层的花卉类图案可以在平面图案基础上直接叠加组合，或是将花瓣编织成长条形后，通过缠卷成型后缝合完成（图6-1-8）；而独立的卡通人物、动物、植物类立体图案，则可以将每一个部分编织完，进行填充后再拼接处理，使整个图案更加饱满。

图6-1-8　钩针立体图案成品

二　拼布工艺创新应用

　　拼布工艺是一种将零碎布料拼接成为新图案的民间传统手工艺，具有悠久的历史，从原始社会的贯头衣、战国的动物纹针织绣、汉代的丝锦拼缝手套以及广为人知的水田衣，都可以看到它的身影。拼布工艺流程包括搜集碎布、纺线、织布、染布、贴布、描剪花样、刺绣、镶边等多道工序。拼布源于节俭，广西壮族拼布产生初衷是为满足人民的基本生活条件，将简约和实用发挥到极致，不管是服装的边角料还是磨损、破坏的布艺用品，都能被制作成精美的壮族拼布，既有实际功能又起到了装饰作用（图6-1-9）。

图6-1-9　广西壮族拼布艺术

　　拼布工艺发展至今已然成为一种多元的艺术形式，且与可持续性理念相呼应，设计师们在遵循环保理念的同时也考虑到服装时尚感，其面料选用、整体构图及情感表达都潜藏了许多设计师的巧妙构思。现代拼布的拼接工艺稍有简化，主要为拼、补、贴、缝等形式，设计师们根据设计想法，将相同或不同的面料按需求裁剪，再结合设计主题选择不同颜色、图案、质感的面料进行拼接，并用不同材质、样式、类型的辅料叠加装饰，以此展现新颖的创意设计。由此可见，拼布工艺在现代服饰设计中有了更多的表现形式，如色彩拼接、图案拼接、面料拼接、结构拼接等。

（一）色彩拼接

色彩作为服装设计三要素之一，能够给人最直接的视觉效果，在拼布中也是如此，传统服饰大多以深色布料为主，利用色彩拼接则可以增强服装美感。色彩拼接是将不同颜色的面料组合在一起，根据不同的色彩搭配，呈现不一样的服装效果（图6-1-10）。拼接时通常使用同类色、邻近色、对比色等配色方式，此过程一般不宜运用过多色彩，除考虑服装个性外，还应对流行性予以充分考虑。

图6-1-10　色彩拼接（浙江民艺拼布博物馆藏）

（二）图案拼接

图案拼接是设计师们将相同或不同材质、规则或不规则形状的面料缝合、粘贴的一种工艺形式，通过这种工艺形成新的装饰图案，能够为面料本身增添层次感和设计感（图6-1-11）。图案拼接细分为单块式和多块式图案拼接、局部和整体图案拼接等方法，表现效果各有特色。

（三）面料拼接

拼布工艺的表现形式多样化，服装中的面料拼接由两种以上不同面料拼接完成。在设计时，面料种类选择的自由性较大，同类面料或异类面料均可拼接，而不同质感的面料拼接在一起所带来的视觉效果并不一样，为了表现出趣味性的视觉效果，也可以附加与面料肌理不同材质的辅料作为装饰（图6-1-12）。

图6-1-11　图案拼接（浙江民艺拼布博物馆藏）

图6-1-12　面料拼接细节及成衣效果（作者：肖婉婷）

（四）结构拼接

结构拼接则是与服装结构相关，将服装整体结构拆解，再用不同的面辅料重组、叠加、扩展，从而得到新的服装结构，达到多元和立体的效果。例如将水母仿生融入服装设计中，服装肩部、袖子的微夸张造型为水母头部形态的变形应用，设计师运用结构拼接将袖子设计为水母形立体结构，同时也可以将其视为立体装饰图案，从而实现拼布艺术工艺的服装设计创新应用（如图6-1-13）。

图6-1-13 结构拼接细节及成衣效果（作者：肖婉婷）

三 草木染工艺创新应用

草木染也称植物染，是一种利用植物的根、叶、枝、皮等部位提取的天然染料对织物进行染色的传统手工艺。草木染的流程包括选取颜色原料、扎结布料以创造图案、将布料浸于染液中加热上色等步骤，这些步骤都需要精湛的手工技艺和耐心细致的工作态度。布料需结合草木染工艺的特点，选用易上色的棉、麻、丝天然纤维面料，植物染料可减轻对环境的污染。经过长期发展与学者们的研究完善，草木染染色方式多样，有敲拓染、煎煮染、扎染等。

（一）敲拓染工艺

敲拓染是通过敲击植物，使植物颜色、形状甚至纹理直接染到织物上的方法，产生独特的艺术效果。通常准备的材料有一把锤子、植物叶子、胶带和织物，植物保持新鲜，可添加媒染剂来浸泡植物，如盐、明矾等，进行固色（图6-1-14）。设计师可根据需求，选择不同造型、不同色彩的植物进行布局、排版，从而创作出丰富且生动的染色效果（图6-1-15）。

准备材料　　　　　　　　　　敲拓　　　　　　　　　　成品

图6-1-14 敲拓染工艺方法

图6-1-15 敲拓染成品

（二）扎染工艺

扎染古称扎缬、绞缬，是将布料局部进行扎、缝后，使其不能着色从而形成独特肌理的印染方法。因捆扎方式、针线细密大小程度、染液的浓度及时长的不同，产生的扎染图案纹理和色彩都将不同，染色效果具有不确定性及唯一性，其美感是机械印染工艺难以达到的（图6-1-16和图6-1-17）。

图6-1-16 作品《行者》（作者：孟辛梅）　　　图6-1-17 作品《暮色丝路》（作者：孟辛梅）

（三）煎煮染工艺

煎煮染是通过煎煮的方式使染料的颜色附着在织物上，有些植物染料需要在一定温度下才能进行着色，在常温下难以染色，煎煮染能使色素更好地依附在面料上（图6-1-18）。通过煎煮染后的布料色彩鲜艳、独具特色，另外，煎煮染可以增加衣服的厚度和柔软度，使衣服更加舒适。

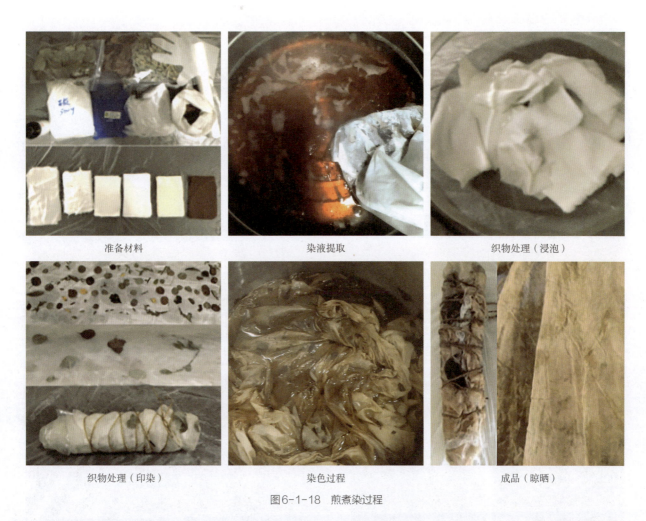

| 准备材料 | 染液提取 | 织物处理（浸泡） |
| 织物处理（印染） | 染色过程 | 成品（晾晒） |

图6-1-18 煎煮染过程

　　服装设计师通过敲拓染、扎染、煎煮染等传统手工艺对服装面料进行染色后，再在设计时融入流行元素。如系列服装设计中存在多种面料，需分批次染色，由于根据温度、时间、染液浓度及媒染剂等不同，故最后染色效果会存在一定差异，可在成衣制作完成后进行后整理（图6-1-19）。这种将草木染与当代服饰相结合的方式，既可以传承优秀文化，又能促进传统手工艺的保护和发展。

图6-1-19 作品《浅茶辄止》（作者：黄阳）

第二节　现代化工艺创新应用

随着服饰生产技术的日益发展，计算机智能化、数控生产已成为许多行业现代化转型的重要手段。近年来，服饰品以批量化生产为主，方便、快捷的加工技术极为重要，现代化工艺应用范围也不断扩大，服饰面料的处理加工方式丰富了服饰图案的多样性，受到广大设计师的青睐。现代化工艺主要以计算机智能化为主，包含机织提花工艺、激光切割工艺及数码印花工艺等。

一　机织提花工艺创新应用

机器编织工艺的快速发展使针织提花图案更加精细化、复杂化，并且还能加快生产速度，扩大生产规模，提高生产质量。机织提花类服饰具有丰富的色彩和清晰的图案，图案类型也丰富多样。机织提花工艺根据最终呈现效果，可分为单面提花和双面提花或是双色提花和多色提花。单面提花的正面为目标图案反面呈芝麻点状（图6-2-1），而双面提花则正背花型相同但色彩相反（图6-2-2）。多色提花在设计花型时，需尽量将花色控制在4~5种颜色以内，否则正面容易显露出背面线圈，影响花型的美观，并且在纱线选择上不宜过粗，不然可能会出现织物过厚或露底的现象。机织提花的步骤主要分为针织服饰图案设计、针织服饰图案制版、编织成型、后整理。

图6-2-1　单面提花正背面效果　　　　　　　　图6-2-2　双面提花正背面效果

机织提花工艺需先借助绘图软件将图案数字化、矢量化，再导入横机花型软件将其处理，图案中单个像素点与针织基本结构单元相对应，每个像素点是一针，继而通过编辑像素点实现不同的花型样式，设计时同一区域色彩不能过杂，避免织出的成品花型出现错误。编织前还要考虑原料性能和正反线圈大小可能会造成花型尺寸变化，遵循花型设计原则，若试样纹样不符合设计图形状、大小要求，需结合实际在软件中进行调整完善，以达到目标纹样（图6-2-3）。图案编织试样成功后可以进行整体编织（图6-2-4），随后检查服饰图案有无问题并且完成套口工艺制作。通过水洗、熨烫使织物缩水定型，此过程可使服饰变得柔软，色彩也会更鲜明。最后检查成品是否有小线头、小瑕疵，如果有则进行人工修补，经过以上步骤后编织物成型（图6-2-5）。

图案矢量图　　　　　　　　导入系统　　　　　　　　初次试样

电脑横机软件花型调整　　　　　　　　　最终试样效果

图6-2-3　提花图案试样过程

图6-2-4　横机编织

图6-2-5　成品效果

二 激光切割工艺创新应用

激光切割工艺快速发展，因其快捷、便利、灵活的特点被广泛应用在图案设计与制作中。激光切割可达到图案造型镂空效果，与传统方法相比所需时间更短，并且能够重复进行，可多次切割出相同造型，即使是复杂的图案，切割完成后也极为精准，确保了最大程度节省材料，节约成本。激光切割工艺既有效又容易操作，执行几乎不需要人力，只利用激光切割机等设备便能实现，操作者结合图案进行编程，可以切割任何形状，为图案设计与效果呈现提供了很大的灵活性。

激光切割工艺常与镂空设计相结合，在进行图案设计时，设计师需根据款式效果，在制图软件中完成1：1的切割图案（图6-2-6），需注意的是，所切割图案尺寸大小应在激光切割机最大雕刻量范围内。切割图案通常以两种颜色进行区分，分为阴面与阳面，阴面为需镂空部分，矢量图越清晰，边缘越细致。

图6-2-6 单色图案设计

激光切割时，需根据服装效果要求确定图案的尺寸及位置，再定位切割。底料的厚度和硬度是激光切割不可忽略的重要因素，激光切割主要适用于面辅料、皮革、PVC、TPU、无纺布等底料，切口平整、无毛边脱边现象，但切割后边缘会稍有硬度（图6-2-7、图6-2-8），贴身穿着容易引起皮肤不适，因此多用于外衣或带有内衬的服装。激光切割还可以结合面料再造设计手法，将切割后的形状附加于其他面料之上并加以创作，使其具有新的视觉效果（图6-2-9）。

图6-2-7 皮革面料切割　　　　　图6-2-8 TPU面料切割　　　　　图6-2-9 面料再造

三 数码印花工艺创新应用

数码印花工艺是随着计算机技术不断发展而逐渐形成的高新技术产品，极大地促进了服装纺织行业的发展。数码印花技术越来越趋于完善，目前有各类热转印、直喷等技术，主要是将花样图案通过扫描、拍照或是软件制图等方法将设计图传到电脑上，通过电脑印花分色描稿系统编辑处理，再由电脑控制微压电式喷墨嘴把专用染液直接喷射到纺织品上，形成所需图案。数码印花色彩丰富，可印出1670万种颜色。

印花图案设计需先完成单位图案设计及组合设计（图6-2-10、图6-2-11）。服饰图案组织形式多样，为了突出服饰图案的视觉效果，可进行多种组合方式。例如使用四方连续中重叠式进行设计，图案由浮纹与地纹组成。在设计时将单色图案或彩色图案作为浮纹，再调整其方向和透明度，做拉丝处理为地纹；或是以彩色图案为地纹，高明度色为浮纹，强调重叠效果。

图6-2-10 单位图案设计　　　　　　　　　　　　　　　图6-2-11 组合图案设计

设计师使用数码印花进行面料图案印花前，需先设计一个完整的四方连续矢量图，矢量图上下左右切口应拼接得当，无错位、缝隙等现象，再在软件中设定面料宽幅、长度，最后完成排版、印花（如图6-2-12）。若是进行定位印花或激光切割等，则先在软件中按实际大小画出衣片形状，再将矢量图排放在所定位置，调整好矢量图大小、方向，则排版完成。

图6-2-12 图案连续设计

数码印花工艺适用面料范围较广，可用于麻、棉、丝、化纤和羊毛羊绒等面料，最终成品的色彩效果也与面料材质相关。例如使用厚绒面料，印花图案清晰、色彩鲜明（图6-2-13）；使用雪纺面料，则呈半透状态，单层色彩效果不明显，堆叠后效果显著（图6-2-14）。由此可见，对服装设计师来说，数码印花工艺能够更大程度发挥个人创造力，将理想中的作品变成具有个性化的现实成品。

图6-2-13　厚缎面料印花

图6-2-14　雪纺面料印花

第三节　服饰图案工艺创新设计项目实践

一　项目实践目的

　　学习服饰图案工艺设计技巧，掌握不同工艺的表现形式和创新设计方法，有效运用于系列服饰设计中。

二　项目实践内容

　　以蝴蝶元素为灵感，结合仿生概念进行系列服饰设计，并运用拼布艺术工艺完成成衣制作。

三 \ 项目实践步骤

（一）灵感来源

系列作品名称为《蝶梦初醒》的灵感源于《渔夫词》中的"蝶梦南华方栩栩"一诗句，其中运用了庄周梦蝶的典故，提取故事的基调和渲染的氛围，在整体的设计和制作过程中用艺术的表现技法体现。"蝶梦"原是虚幻的，庄周化蝶也只存在于梦境中，但是对于化蝶的思考却是现实的，每个人对于生活都有美好的向往，不仅仅是蝴蝶编织的美丽梦境，更是在现实对其的努力追求。整个服装系列采用仿生蝴蝶形态的立体造型，在服装工艺上结合图案拼接和部分结构拼接，意欲凸显主题（图6-3-1）。梦醒面对生活仍旧如蝶羽腾飞，虽不像鸟飞翔于高空，但也能自洽于花丛。

图6-3-1　灵感来源

（二）蝴蝶图案设计

作品《蝶梦初醒》服装设计师将蝴蝶元素与拼布艺术相结合并应用于服装设计中。通过在蝴蝶上寻找灵感，将蝴蝶元素简化、添加、拆解、拼合以组成新的服饰图案，另外还提取蝴蝶的造型及肌理，使其与服装结构相融合。设计时还可将蝴蝶图案直接拼贴于人体上，保留服装结构与人体重合部分，再绘制系列服装，以此贴合关于蝴蝶元素的服装设计（图6-3-2）。

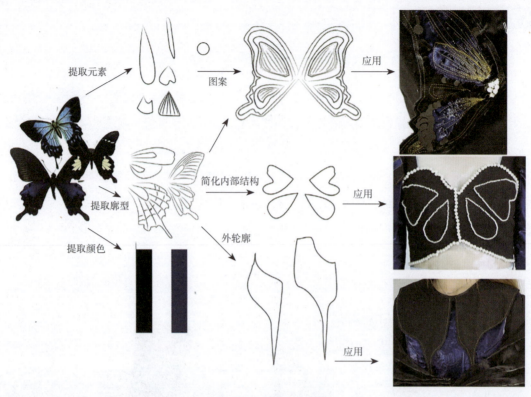

图6-3-2　图案设计思路

（三）《蝶梦初醒》系列服饰设计

《蝶梦初醒》系列服装色彩主要来自蓝黑蝴蝶翅膀上的颜色，翅翎里的蓝色如同星光闪耀一般，给人一种虚幻淋漓的美感，蓝色更是代表广阔天空与大海的颜色，服装主体选用蓝色，给人虚幻且亮眼的感觉（图6-3-3）。

图6-3-3　《蝶梦初醒》系列效果图展示

（四）《蝶梦初醒》系列服饰工艺设计

服装设计师利用蝴蝶元素结合拼布艺术工艺完成成衣制作。系列成衣面料选择亮丝反光混纺面料，此面料能有效凸显出蝴蝶鳞片反光的特性，且具有一定的挺阔性，从而达到造型设计的要求。另外，图案拼接部分将不同颜色面料进行缝合，按蝴蝶图案平车缉缝出纹理，并手工缝合亮片与米珠（图6-3-4）。本系列以蝴蝶自然生动的形态进行设计改造，充分体现大自然的神奇之美，创新服装结构，蝴蝶元素成为服装系列设计的点睛之处（图6-3-5、图6-3-6）。

提取蝴蝶轮廓

拼布
缝线纹理

蝴蝶纹样绘制

图6-3-4　蝴蝶图案拼接过程

图6-3-5　局部细节展示

图6-3-6　系列成衣展示　作品《蝶梦初醒》（作者：姚佳怡）

本章小结

■ 传统手工艺流传至今，在图案设计和服装制作的过程中，应从多角度进行思考，将传统与现代潮流相结合，完成创新设计，更好地传承和发扬中国传统手工艺。

■ 现代工艺发展迅速，给服饰图案呈现提供了便捷，制作时能够减少一定的不利因素，为当代服装设计观念赋予了新的表现形式。

思考题

1. 手工编织和机器编织的特点是什么？在服装设计时应该如何选择？

2. 针织类服饰图案在设计与使用时需要注意哪些问题？

3. 拼布工艺有多种表现形式，使用此工艺时需要注意什么？

4. 如何将传统手工艺与现代服装设计相结合？

第七章
产教融合项目成果

产教融合项目——产教融合项目成果

课题内容：

1. 产教融合项目的目的与常见技术。

2. 产教融合企业案例。

3. 产教融合学生作品。

课题时间： 3课时。

教学目的： 能够对企业给定的项目进行创意设计，能够在企业导师的指导下完成作品设计，强化学生良好的动手能力，要求学生在实践中积累经验，缩短从学校到社会的实践过程。

教学要求：

1. 使学生了解企业图案设计全过程，理解工艺与服饰的可行性。

2. 使学生了解服装加工过程对图案表现的影响。

教学方式： 项目驱动、案例、实践指导、多媒体演示。

课前准备： 课前了解企业特征，有针对性地准备参考书籍，收集素材为设计做准备。

第一节　产教融合项目的目的与常见技术

一　产教融合项目的目的

　　产教融合项目的目的是将企业案例有机融入专业教学，根据企业对图案设计、生产技术的流程，创造"做中学"的产教融合实践教学体验。例如引进杭州万事利丝绸文化有限公司的企业案例结合教学。万事利丝绸文化有限公司的丝巾设计紧紧围绕着纹样设计为基础，通过纹样设计把中国的丝绸推向世界的舞台。学院和企业进行校企合作开展课堂教学，由校内校外教师共同指导学生完成纹样产品设计。充分贯彻以学生为中心的人才培养理念。

二　产教融合项目常见技术

　　产教融合项目离不开生产技术，数码印花技术和丝网印花技术是近年来企业图案设计生产技术中使用非常频繁的两种印花技术。

　　（一）数码印花技术

　　数码印花技术是建立在计算机操控系统上，结合机械精密加工、精细化与网络信息设计技术等开发的无纸数码印花技术。数码印花技术属于多功能数码印刷系统，即将花样图案以数字编程形式输入计算机，利用计算机印花分色描稿系统进行编辑，再经计算机操控系统将专用染液喷射到纺织品上形成所需的图案。相比传统印花，数码印花技术缩短了印花工艺流程，提高了接单速度，降低了打样成本，打破了传统印花生产花回长度与套色的限制，克服了生产过程中的高噪音、高污染与高耗能等问题，使生产更环保与灵活。这推动了企业改变传统的以数量、规模产效益的经营理念，逐渐以消费者为中心，以个性化、多样化的印花需求为经营理念，为消费者量身定制。

　　数码印花的图案源自摄影、手绘、电脑绘制等，从这些原始素材中将所需元素提取，再加工设计后输入计算机进行印花。这要求原始素材具有较高的质量与精度，否则印花后的图案会因素材分辨率低而模糊。

　　目前，选择数码印花图案素材的要求如下：

　　（1）高清性：这是选择数码印花素材图案的第一原则，一般情况下，判断素材图案是否满足高清性是将素材图片放大至显示尺寸的两倍以上，若图案仍清晰可辨，即可作为数码印花的图案素材。

　　（2）适合性与流行性：指素材的风格应符合产品的定位与当下的流行趋势，使产品能够跟上时代的步伐。

　　（3）创新性：在"互联网＋"时代更应注意图案素材的原创性，目前对图案素材的应用主要是通过前期创新设计与后期加工处理来提高素材的新颖性，保证产品的接受程度与企业的利润率。

　　（二）丝网印花技术

　　相较于现代工艺的数码、激光印染方式，丝网印花无疑是一种古老的印刷方法，最早起源于中国，距今有两千多年的历史，在现代印刷业中已成为我们生活中不可缺少的一部分。服装印花中，丝网印花是应用最多的技术，印制方法简单快捷，印染完成后经烘焙处理即可，适合于各种纤维的织物。但操作时对涂料色浆以及刮油墨的手法相对讲究，色浆质量的好坏、手法的轻重缓急都会影响最终的成品效果，套色越多颜色越丰富，对成本和技艺要求也更高。

数码印花具有工艺流程短、打样成本低、接单快的优点，真正实现了快速小批量生产，突破了批量生产的限制，更能适应市场的变化。但任何纺织服装的生产设计最终都针对消费者，因此，满足消费者的需要、赢得消费者的青睐应为设计的目标。同时，有针对性的设计也避免了因产品缺乏设计感、同质化泛滥而带来的低价恶性竞争。针对消费者的个性化设计应满足品牌化、时尚化、品质化与个性化的要求，在准确分析消费者的消费能力、学历背景、年龄及个性特点等的前提下，可以将消费者市场细分，如制服定制等，满足场景化、定制化、分散化等特性，从而准确定位市场，提高消费者的购买意愿与满意度。

第二节 产教融合企业案例

根据产教融合项目的教学目的，合作企业提供参考案例，有效地将校企合作思路融入课程设计全过程各环节。

一 案例一《扇影花香》

2023年在杭州亚运会上，万事利丝绸文化有限公司以丝为媒，成为官方供应商。系列作品设计中，如图7-2-1所示，这款取名为《扇影花香》的丝绸设计作品，丝巾加扇子的产品设计体现了杭州地方特色。基于亚运会徽的钱塘江和钱江潮头，对扇子整体画面进行了创意设计，弘扬了中华民族文化，犹如江波绵延千万里，象征着亚奥理事会大家庭充满活力、永远向前。设计丝巾时，以亚洲的一些国家的花卉为设计元素，结合杭州市花"桂花"为底，勾勒出扇形的窗棂形象，以此体现亚运logo的设计，整体通过纹样设计展现杭州地域特色和柔美活力。

图7-2-1 亚运会徽《扇影花香》丝绸礼盒设计

二 \ 案例二《衣香鬓影》

作品名《衣香鬓影》的丝巾设计是万事利丝绸文化有限公司设计师陈宇的作品（图7-2-2）。丝巾中心花纹提取了云肩、汉服的中国传统服饰图案，表现古典之美。边框设计为精致的饰品图案，与华美服饰图案搭配相得益彰。在设计过程中提取了部分中国传统图例中的细节，如纹样元素，组织成一幅新的作品，最后根据主题和色彩流行趋势完成丝巾的整体设计。

图7-2-2 作品《衣香鬓影》（作者：陈宇）

三 \ 案例三《越舞紫金》

主题名《越舞紫金》的丝巾设计是万事利丝绸文化有限公司设计师方雨菲的作品（图7-2-3）。孔雀是百鸟之王，是吉祥鸟，象征着吉祥、幸福、高洁和华贵。孔雀停驻在古建筑的飞檐翘角两侧，凸显女性力量，同时从中心花纹提取朝服的吉祥图案，卷草和花卉的结合增加柔美性。边框设计为几何线条，更显时尚年轻。在整个设计步骤中，先提取纹样设计元素，再根据主题进行草图设计，最后上色并完成成品效果展示。

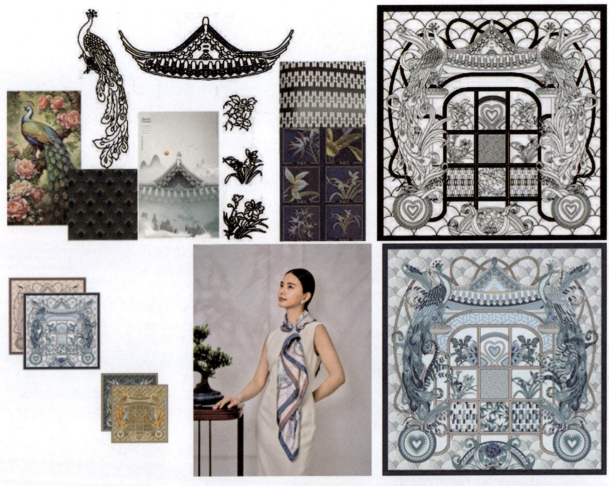

图7-2-3　作品《越舞紫金》（作者：方雨菲）

第三节　产教融合学生作品

　　根据企业给出的"敦煌"主题进行纹样设计并运用于服饰设计产品中。学生自拟项目的作品名称为《西出阳关》，结合敦煌元素进行纹样设计，并以虚拟服装的方式呈现成衣效果。

　　《西出阳关》的设计者是江西服装学院服装设计与工程专业学生王诗妍。校内指导老师是花俊苹、成恬恬，企业指导老师是万事利丝绸文化股份有限公司设计总监李磊磊。通过校内外老师共同指导与合作，最后完成整体的产品设计。

一　《西出阳关》设计思路

　　本项目是在企业给出的大主题"敦煌"之下自拟小主题。整体纹样设计以敦煌壁画装饰纹样为研究对象，提取敦煌壁画纹样元素并创新运用于服饰产品中。项目成果结合虚拟软件技术，在企业项目实践中完成从元素到纹样设计再到服饰产品设计的全过程。虚拟软件的应用为设计者节约了成本，提高了效率，也为纹样设计带来了便利。

二 《西出阳关》图案设计训练步骤

（1）寻找设计灵感，制作灵感版。设计灵感源于丝绸之路上的瑰宝——敦煌莫高窟北朝时期的壁画、装饰纹样和人物画像。以工笔重彩的表现形式，将云肩、银烧蓝等融入服装中。如图7-3-1所示，先以线造型而后赋彩，模仿沉稳的古壁画风格，结合壁画中的佛教禅宗元素，营造出"卷华藏纷雾，振褐拂埃尘"的意境。

（2）纹样分析及元素提取。本项目研究目的是对敦煌壁画纹样元素内容进行深入了解、分析、归纳和总结，通过研究结果提取与自拟主题相关的纹样元素。最终纹样提取确定为三个内容：第一，以敦煌壁画里西魏285窟五百强盗故事画中的深山修行场景为故事来源，提取了人物元素；第二，从敦煌321窟北壁初唐壁画《阿弥陀经变》，提取了建筑元素；第三，选择敦煌壁画中常见的舞动陶俑和代表性乐器琵琶，提取了器皿元素（图7-3-2）。

图7-3-1 《西出阳关》系列灵感版

图7-3-2 图案元素提取方案

（3）母图与子图纹样设计。通过元素的提取，进行重新组合及造型变化。如图7-3-3所示，将陶俑、琵琶作为整体设计中的主导，人物和建筑元素穿插在底纹中，重新构成了一幅新的母图纹样。同时，在母图成型后，根据母图纹样特征分解出无数的子图，以此来达到多变的纹样组合，也为下一步纹样创新提供了依据。

母图设计　　　　　　　　　　　　　　　　　　　　　子图提取

图7-3-3 母图和子图的设计

三　《西出阳关》服装效果图

如图7-3-4所示，从变化的子图案例中整合出能够表达《西出阳关》主题的纹样，结合服装的款式、结构、面料特征进行整体服装设计，并绘制效果图。

图7-3-4 作品《西出阳关》服装效果图（作者：王诗妍）

四 《西出阳关》虚拟成衣制作过程

结合虚拟软件，将服装效果图中的所有款式进行纹样定位、打板、制作坯样、确定工艺流程等。以图7-3-4中服装效果图第一款斗篷为例，对整个虚拟流程工艺制作进行示范（表7-3-1）。

表7-3-1 该款斗篷服虚拟制作流程图示

图示	步骤	制作过程
	1. 绘制纹样线稿	在绘图软件中绘制敦煌装饰纹样的线稿

续表

图示	步骤	制作过程
	2. 纹样上色	制作四方连续纹样并导入虚拟软件，进行面料的无缝贴图处理
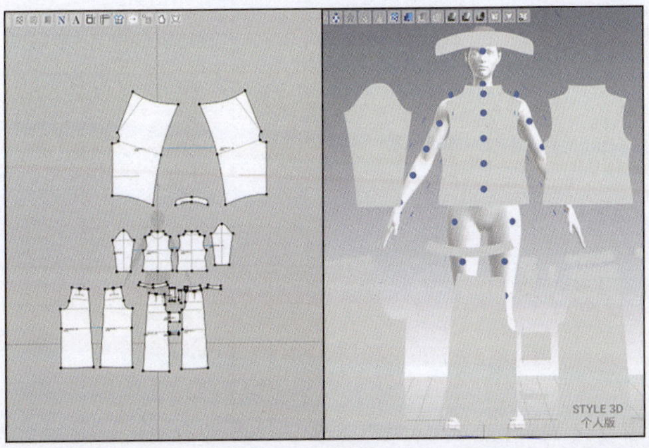	3. 导入纸样	在建模软件中调节模特属性尺寸，导入文件板片，调整板片数量及位置
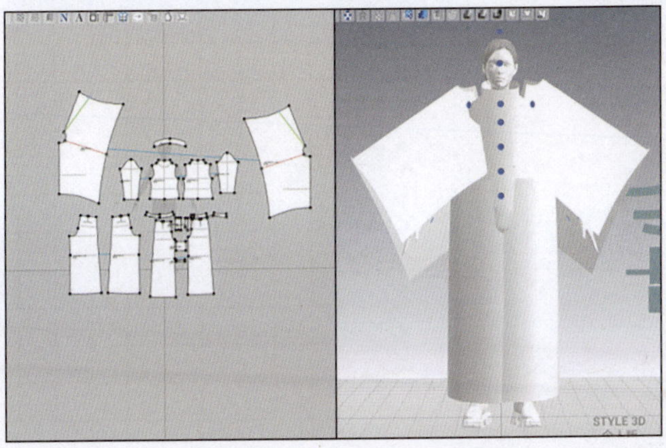	4. 虚拟模特试样	将衣片安排在虚拟模特的周边，观察板样是否对位

续表

图示	步骤	制作过程
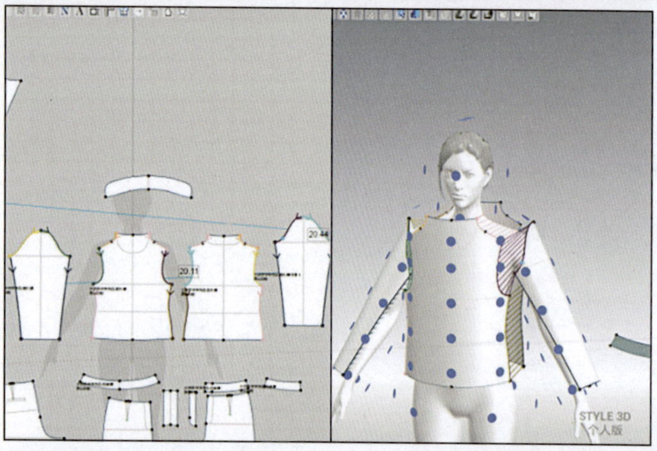	5. 虚拟缝合	对内搭面料的物理属性进行调节，开启模拟键，内搭单品的板片之间的缝合
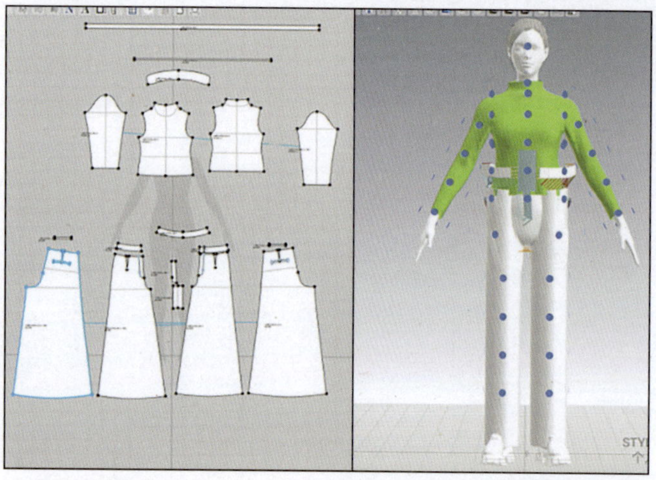	6. 虚拟试穿	对面料参数进行调节，开启模拟键，进行内搭单品的各板片之间的试穿
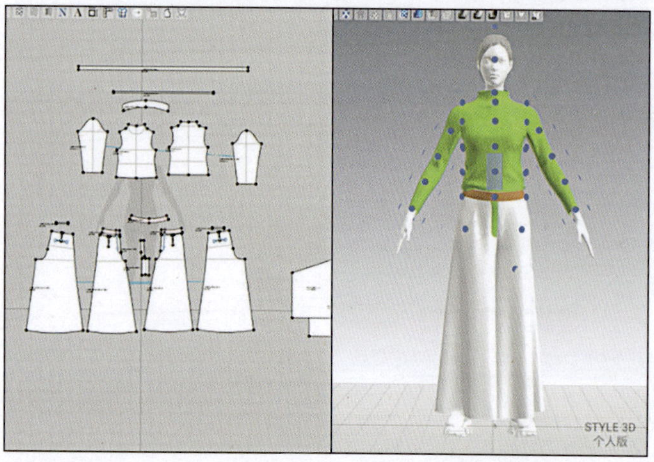	7. 开启模拟键	进行裤子单品的各板片之间的缝合

续表

图示	步骤	制作过程
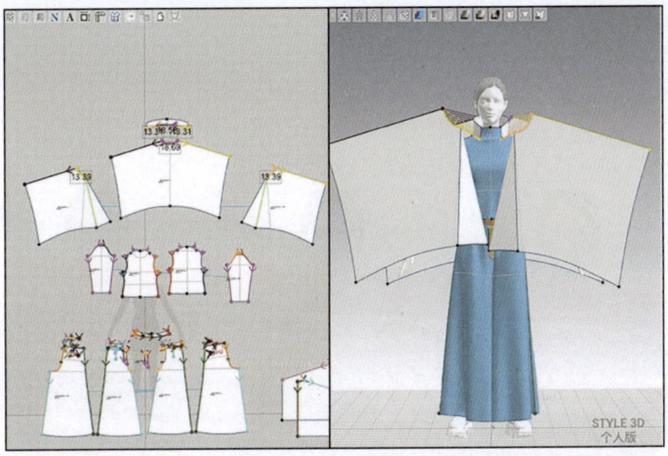	8. 虚拟调板，调整斗篷	对斗篷面料的物理属性进行调节，并对板片进行折叠处理，使其更接近效果图的造型
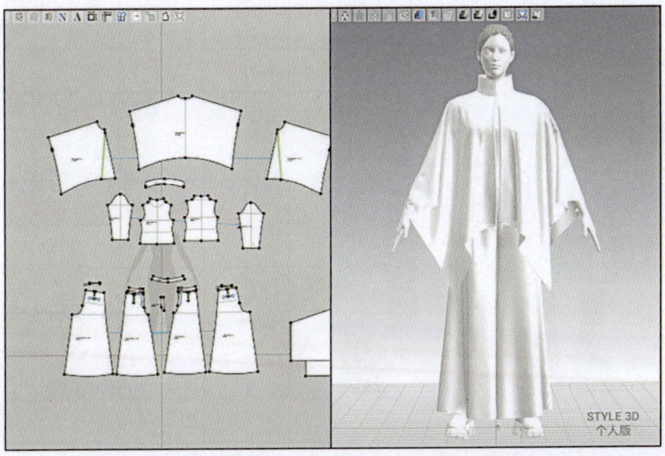	9. 面料参数调节	对面料参数进行调节，再次模拟及渲染，调整整体造型，增加面料褶皱的真实性
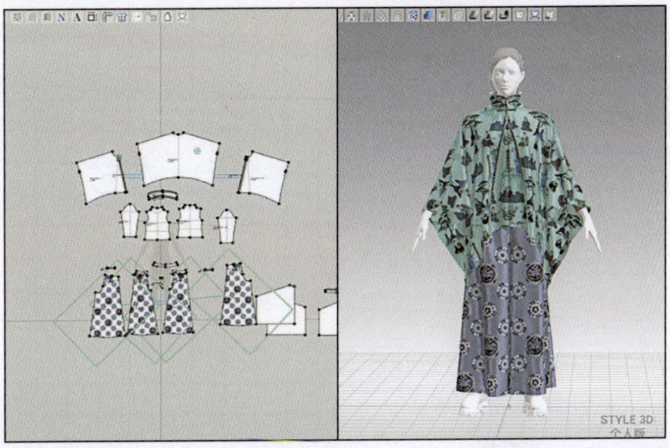	10.调整面料，渲染	对调整好的服装进行面料贴图，使用剪切缝纫达到包边条的效果，在领口处加上盘扣，最后进行模拟渲染

五 \《西出阳关》虚拟成衣效果展示

每一款服装均结合虚拟软件进行成衣制作，整个纹样生产过程和虚拟成衣制作过程参照实物制作过程（图7-3-5）。虚拟软件的运用大大降低了成本，并有了更大的调整空间，为纹样创新设计提供了新的思路。

图7-3-5 《西出阳关》虚拟成衣效果图（作者：王诗妍）

本章小结

■ 了解常见的服饰图案印花技术，建立对数码印花和丝网印花的初步认识。

■ 通过产教融合项目案例学习，了解纹样设计创作的全过程，理解产教融合项目对图案设计实践运用的重要性。

思考题

1. 通过校企合作企业提供的案例，了解企业图案设计的流程与方法。

2. 通过产教融合项目的实施，总结分析图案研究如何转化为实际应用。

参考文献

[1] 夏岚，袁进东，胡景初. 经典纹样图解[M]. 北京：化学工业出版社，2023.

[2] 伊丽莎白·威尔海德. 世界花纹与图案大典[M]. 张心童，译. 北京：中国画报出版社，2020.

[3] 雷圭元. 雷圭元图案艺术论[M]. 北京：上海世纪出版集团，上海文化出版社. 杨成寅，林文霞，整理，2016.

[4] 孙世圃. 服饰图案设计[M]. 4版. 北京：中国纺织出版社，2009.

[5] 王晓薇. 中国传统图案的设计与应用[M]. 北京：中国纺织出版社有限公司，2022.

[6] 金峰，毛溪. 图案创意设计[M]. 上海：上海人民美术出版社，2004.

[7] 黄清穗. 中国经典纹样图鉴[M]. 北京：人民邮电出版社，2021.

[8] 王丽. 服饰图案设计[M]. 3版. 上海：东华大学出版社，2020.

[9] 吴蓉，陆小彪. 服饰图案[M]. 上海：东华大学出版社，2023.

[10] 邓晓珍. 服饰图案设计[M]. 上海：上海人民美术出版社，2020.

[11] 徐雯. 服饰图案[M]. 2版. 北京：中国纺织出版社，2013.

[12] 姜艺琳. 拼布技艺在服装设计中的应用研究[D]. 北京：北京服装学院，2021.

[13] 李玉娟. 探析四季花图案在清末女子服饰上的装饰及其创新应用[D]. 北京：北京服装学院，2016.

[14] 孙成成. 清代宫廷服饰图案在高级定制服装中的应用研究——以动物图案为例[D]. 北京：北京服装学院，2012.

[15] 孙聪聪. 唐代及以前汉族服饰中动物图案的文化内涵解析[D]. 北京：北京服装学院，2020.

[16] 王娟. 动物图案在女性饰品设计中的应用研究[D]. 武汉：湖北美术学院，2020.

[17] 贾未名. 当代"中国主题"礼服设计中唐代花卉图案的应用研究[D]. 西安：西安美术学院，2010.

[18] 李雨晗. 法海寺壁画人物服饰图案研究及活化设计 [D]. 杭州：中国美术学院，2023.

[19] 王冠群. 中国传统服饰纹样与大众审美教育研究 [D]. 天津：天津职业技术师范大学，2018.

[20] 辛雪莲. 中日染织花卉图案的比较研究 [D]. 北京：北京服装学院，2015.

[21] 王卓敏. 湘西土家织锦图案的艺术研究 [D]. 长沙：湖南师范大学，2007.

[22] 彭以. 土家织锦图案及其在现代设计中的应用研究 [D]. 长沙：湖南师范大学，2010.

[23] 王冠群. 中国传统服饰纹样与大众审美教育研究 [D]. 天津：天津职业技术师范大学，2018.

[24] 崔荣荣. 中国传统纺织服饰图案研究述评及价值阐释 [J]. 包装工程，2022，43（6）：11-23.

[25] 范颖晖. 浅谈中国传统服饰图案的设计 [J]. 明日风尚，2019（8）：49.

[26] 上官婷婷. 浅析陕西皮影中动物、神怪、衬景、道具造型艺术特征 [J]. 科技信息，2010（26）：572.

[27] 谈耘廷，湛磊，葛雪恒. "叛逆"与"脑洞"——浅谈拼贴艺术的历史及在现代服装设计中的运用 [J]. 大众文艺，2019(22)：134-135.

[28] 曾于壮. "衲百川"壮族拼布文化的可持续发展 [J]. 西部皮革，2023，45（6）：66-68.

[29] 徐琳，郭思彤. 广西壮族拼布手工艺及其传承路径研究——以线上体验游戏设计为例 [J]. 西部皮革，2022，44（24）：34-36.